普通高等教育艺术设计专业“十二五”规划教材

公共空间室内设计

董 君 仲 欣 主 编
蔡春艳 刘笑冰 副主编

中国林业出版社

图书在版编目（CIP）数据

公共空间室内设计／董君，仲欣主编．—北京：中国林业出版社，2011.5（2017.8重印）
普通高等教育艺术设计专业“十二五”规划教材
ISBN 978-7-5038-6167-3

Ⅰ．①公…　Ⅱ．①董…　②仲…　Ⅲ．①公共空间－室内装饰设计－教材　Ⅳ．①TU242

中国版本图书馆CIP数据核字（2011）第081351号

策划编辑：杜　娟
责任编辑：杜　娟　丰　帆
中国林业出版社·教育出版分社
电话、传真：83143553 83143516
E-mail：jiaocaipublic@163.com

出版发行　中国林业出版社
（100009　北京西城区德内大街刘海胡同7号）
电　话（010）83143516
经　销　新华书店
印　刷　北京中科印刷有限公司
版　次　2011年5月第1版
印　次　2017年8月第5次印刷
开　本　889mm×1194mm　1/16
印　张　9.5
字　数　312千字
定　价　49.00元

序

公共空间作为环境艺术设计系统的重要组成部分，是社会化的行为场所，有别于个体化的私人场所或空间，因此公共空间的设计必须最大限度地满足不同人的不同需求。这种设计理念与目标上的区别，使公共空间室内设计成为一个专门的领域，这本书恰到好处地对这个领域进行了阐释，将对这一领域的发展起到良好的辅助与推动作用。

作为一名青年教师，董君老师不仅在一线从事有关室内设计的教学与研究，并参与中国建筑学会室内设计分会会刊《室内设计与装修》杂志的编纂工作，还主持或合作设计了多项有代表性的室内工程设计项目，积累了丰富的资料，并与参与本教材编写的其他院校教师按照高等院校教学改革与教材建设的最新精神，从“采用先进的教育理念，选择现代化的教学手段，结合开放互动的教学方法，辅以社会化的实践平台”四个方面积极开展教学改革实践，在日锻月炼的基础上，写出了这本教材。教材理论阐述与应用分析相结合，体系完整与内容创新相结合，个案研讨与综合提高相结合，形成了本书的主要特色。特别是在内容上，绿色低碳、历史建筑保护与更新、弱势群体、地域文化与国际化、专业合作与社会责任等章节，都是“十二五”转型发展中室内设计教学与实践所面临的热点课题。相信，这本教材的出版一定会为我国室内设计界催生、储备更多的新型室内设计人才做出应有的贡献。

周浩明

清华大学美术学院环境艺术设计系 教授 博士生导师

2011 年 5 月

前 言

《公共空间室内设计》是一本关于公共建筑空间室内设计的教学指导性书籍。本书从纵向和横向两个方面对公共空间室内设计进行了全面的介绍，纵向内容涵盖了现代公共建筑室内设计的基本理念、内涵与认识以及现代公共空间设计发展趋势等方面。横向内容方面以教育部培养“卓越工程师教育培养计划”为目标，将公共空间设计的基本理论与教学实践和工程实例相结合，着重分析和演绎当前经济发展的热点室内环境问题，以空间的设计类型、方法和手段为框架，从商业空间、办公空间、餐饮空间、娱乐休闲空间、酒店空间、观演空间、医护空间等七大类型空间作为主要授课内容。由于受到授课和本书容量的限制，本教材关于文化空间、教育空间、体育空间、交通运输空间以及历史文化建筑室内空间保护、改造与更新等内容只作简要介绍，不展开说明和分析，望以后有时间和精力继续探讨。

本书的适用领域较为广泛，不仅对于高等院校本科以及高职高专院校学生均有参考价值，同时对室内设计师、广大艺术设计爱好者同样大有裨益。本书共分为九个章节，由北京农学院园林学院董君，北京农学院城乡发展学院仲欣，南宁职业技术学院蔡春艳，北京教育学院刘笑冰，北京联合大学师范学院王宇，北京工业大学艺术学院林蜜蜜，厦门大学嘉庚学院艺术设计系王健，北京服装学院蒋同亚等共同参与编写，并由董君负责最终的统稿和校对。本书是各位教师在环境艺术设计一线教学领域近十年的教学成果的汇编和总结，在编写过程中得到了众多学者和同行的支持，特别是上海中心大厦建设发展有限公司室内设计总监胡剑虹总工程师，中央美术学院建筑学院刘云博士，中川国际建筑装饰设计院魏可董事长，上进建筑顾问合伙有限公司于辉总设计师，广东东松三雄电器有限公司的黄永富照明设计师，CIID 室内设计学会农丽媚女士等都给予了大力支持和帮助，在此表示衷心感谢。另外，北京农学院的张岩、张鸥等学生创新团队成员，HK 设计事务所，都在本书的编写工作中付出了劳动，还要感谢中国林业出版社的杜娟编辑和纪亮编辑，在本书的出版过程中付出了诸多心血，在此一并表示感谢。

由于公共空间设计是个动态发展的过程，本教材编写的内容难免存在不足之处，希望各界同仁和学者予以批评指正赐教！

董君

2011 年 4 月

目 录

第4章　餐饮空间

第5章　休闲娱乐空间

第6章　酒店空间

第7章　医疗空间

第8章 观演空间

第9章 公共空间室内设计过程详解

第1章
概论

1.1 室内设计概论

1.1.1 概述

室内设计是依靠科学的方法，通过合理运用美学要素和空间功能要素，把表面上看来彼此相对独立的多个学科统一起来。

——国际室内设计协会

纵观历史，人类始终在改造和美化环境，使其符合自身生理和心理的需求。在这个过程中不仅开发和改进了各种工具和产品，同时家具、纺织品和装饰手法都在更新，从而使房间的布局、家具陈设、设备和电器配置都在根据审美和功能需要不断发展与变化。今天，室内设计行业正在为更多的客户提供更加多样化的服务。

室内设计这一行业多年来经历了许多变化，行业的经营范围在拓展，就业机会在增加，而且行业标准也在不断提高。这一专业的发展和成熟体现在室内设计师定义的形成。中国建筑学会室内设计分会在明确了室内设计职业范畴的基础上，提出了室内设计师的定义：

室内设计师主要指从事室内环境设计、装修、装饰、陈设的设计、科研和教学等工作的专业技术人员（含车、船、飞机等交通工具室内设计的专业技术人员）。各级室内建筑师要对其承担的工程负责，其职责主要是根据建筑物内部空间的建筑结构、布局、功能和使用要求，在保障建筑物的主体安全、设备运转正常、符合消防环保的条件下，运用技术和艺术的手段创造出满足人们生活和活动的空间环境。

职业的室内设计师必须做到以下几点：

- 分析客户的需求、目标，包括生活、工作和安全方面的基本要求；
- 把调查分析结果和室内设计专业知识相结合；
- 提出初步的、与客户需求相适应的、符合功能和美学要求的设计概念；
- 通过适当的项目策划和设计深化，形成最终的设计方案；
- 绘制施工图，并对室内非承重结构的构造、空间规划、装饰材料、家具陈设、纺织品和固定设备设施作出明确的说明；
- 在设备、电气和承重结构设计等技术领域，与提供专业服务的、有相应资质的从业者或机构合作；
- 作为客户的代理方，准备有关合同文件；
- 在施工过程中进行修改和评估设计方案等现场服务，直至工程竣工。

图 1-1

来自爱尔兰的 Fitzwilliam 酒店大堂设计。充满暖意而又引人入胜，色彩强烈的对比，爽朗而清新，给客人宾至如归的舒适感，设计师从酒店经营者和客人双重角度进行设计，从而获得了雅致和舒适的感觉。

1.1.2　公共建筑与住宅室内设计的区别

住宅设计是指私人居住空间的设计，包括独立住宅、公寓、可移动的住宅，以及租赁的房屋。具体设计类型有：厨房设计、浴室设计、灯光布置、房屋的修复改建，甚至包括为特殊人群，如老人、儿童或残疾人使用的住房提供设计。住宅设计师通常与他们的客户——空间的最终使用者密切合作，共同创造个性化的居住环境。

公共建筑室内设计是指非住宅项目设计，包括所有非住宅类的各种室内设计，主要有办公建筑、商业建筑、医疗护理建筑，以及监禁场所建筑。这一类型设计最初称为合约设计，主要原因是公共建筑室内装修所有部件等是通过合同采购的，而不像住宅装修采用的材料部件是通过零售的方式购买的，而且这一类建筑设计要符合有关法律法规的要求，如必须严格遵守防火和安全规范，表面材料、织物、家具与陈设等必须不危及公众的健康、安全和利益等。公共建筑室内设计的机会很多，所以公共建筑室内设计要为各种各样的客户工作，有些客户有可能不是最终的使用者。例如，从事饭店设计的设计师可能会和投资方、开发商和管理方会谈，来了解各方对环境的需求。而餐饮空间，设计师最终却是为客户的客户——将在餐厅用餐的顾客做设计。另外要说明的是，工业、交通、信息技术、娱乐、政府机构等领域，都是具有挑战性的设计项目。

1.1.3　室内设计师的责任

室内设计的内容变得越来越复杂和具有技术性，对安全、健康和公众福利方面的考虑逐渐引起人们的重视，使得室内设计师在掌握技术知识和创造技能之外，还要转向对人的需求、生态问题和文化发展的关注，对现代室内环境生活质量的提高给予更加全面综合的考虑。

(1) 为弱势群体的环境而设计

根据 Anita Rui Olds《儿童关怀设计指导》的研究表明，5 岁以下的孩子每三个孩子中就有一个需要部分时间照管或全日制照管。相反，到 2030 年，年龄超过 65 岁的人将约占人口总

图 1-2
这个服装店地面是中国风格的石材和染白的松木地板，通过交通路线上的地面材料来划分空间。

图 1-3
本餐厅设计是对巴斯克风格的现代诠释。这一理念是应客户的要求，并从原有西班牙式办公区延伸并成功发展起来的。项目开始于三角网状模块的基础，从这里开始，几何样和装饰性的内部风格逐渐发展起来。这是设计理念的出发点，选择自然材料、桃花心木木头、铁和充满异国情调的大理石，令人重新想起了巴斯克建筑风格的温暖气氛。

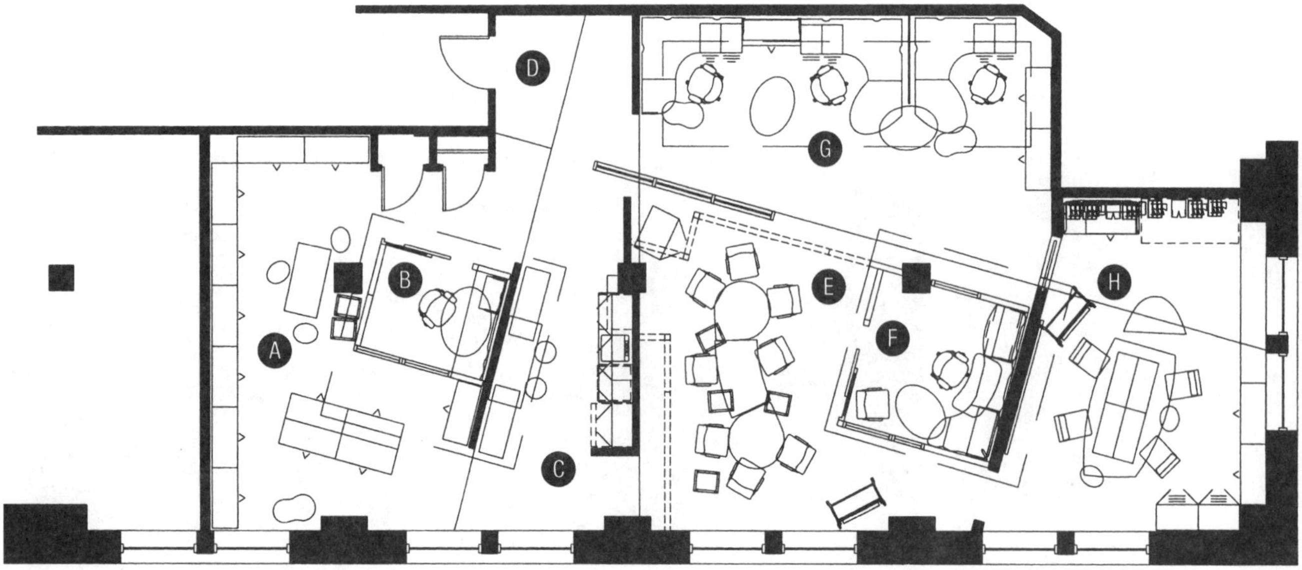

图 1-4

FIDER 公司的平面布置图是室内设计中强调概念、功能和美学完美融合的例证。倾斜的轴线，引导来访者进入空间。室内设计师通过平面布置图的二维展示，使空间视觉化。平面布置图说明了室内各空间的功能、家具摆放和交通流线组织。

平面图

A. 资料室

B. 私人办公室

C. 厨房、咖啡间

D. 入口

E. 开放式办公室

F. 私人办公室

G. 个人工作单元

H. 项目工作室

数的 26%，而且他们中的大多数更愿意在家养老，所谓“在适当的地方变老”。当前，室内设计师越来越关注为改善所有年龄和行为能力的人的生活环境而设计，设计师必须更多地了解包括老人、孩子和残疾人，甚至那些暂时需要帮助的弱势群体的各种各样的复杂需求。当然，与此紧密相连的就是设计的通用性，即室内设计师必须在一个单位空间内考虑不同人的多样化需求，这种需求往往是通过空间组织和家具与陈设布局来完成的，对于人的年龄和能力往往不做深入考虑。

（2）**为可持续发展的环境而设计**

对资源的有限性以及我们生存环境脆弱性的认识进一步改变了室内设计观念。越来越多的室内设计师在设计过程中开始使用可再生的资源，努力保护环境。甚至在进行设计方案时就考虑到环境因素，利用可以再循环和可以回收的产品，这就是“可持续发展设计”或“绿色设计”。

（3）**为多元文化的环境而设计**

因为不同的文化对室内设计中的空间、色彩等视觉要素方面有着不同的理解，所以，设计师需要协调社会多元文化对室内环境的需求。特别是随着知识全球化和互联网的发展，设计师经常会涉及海外客户的工程项目，设计更加社会化，这样需要设计师对不同文化背景的客户的品位和喜好具有良好的敏感性，以便做出相适应的设计方案。

1.2 公共空间的内涵与认识

1.2.1 公共空间室内设计内涵

公共空间室内设计是公共建筑的主体和灵魂所在，是建筑的有机组成部分。在宏观上它与建筑设计概念的本质基本一致，建筑设计是创造总体综合的时空关系，而室内设计则是创造建筑内部的具体时空关系，二者关系十分密切。室内设计是建筑设计的室内部分设计。在历史上，每一幢建筑物，它的室内设计与建筑设计的过程是统一的、连贯的、一气呵成的，甚至连施工操作也是一次完成的。而这些都是由设计师来做的。所以在历史上，只把建筑物（建筑空间）称为建筑设计，不太强调室内设计的独立意义，而把它包含在建筑设计的概念之中。随着近现代科学技术的发展，新型建筑材料的出现和施工技术手段上的变化和使用者生活观念上的变革等。同时，由于社会经济不断的发展，人们消费观念的变化，从而推动了室内设计行业的发展。另外，因为现代人的生活内容日益丰富，对于建筑空间不仅要求多样化，还要求不断变化更新，所以使原来稳定不变的某一种室内空间格局已无法适应，这就从客观上出现了室内设计摆脱建筑设计的趋势，出现了既不脱离建筑设计而又独立于建筑设计的室内设计行业。它提供给使用者的建筑室内空间是完整的、不需要再加工的，安全的、健康的、使用方便、舒适的空间。

公共空间室内设计为建筑主要物质形式，它与人们生活密不可分，成为人们生活必需的物质产品。人们无论交往、工作、学习、旅游、购物、休闲等，都需要一个适合所需的功能环境，这些空间无论是满足最基本的物质需求，还是满足高层次的精神需求，都会直接作用于受用者对物质生活的体验和精神文化的感染。可见，公共空间室内设计与社会现代文明的重要关系。公共空间室内设计无论物质或精神需求都要受当代社会文化、经济发展、科技水平和思想观念等条件的制约，空间功能内容和文化现象的展现等内涵也在随需求的改变相应发生改变，构成人为空间的技术手段和人们对空间的心理需求以及室内空间形式越来越丰富多彩，不断地出现新的功能形式，彰显新的公共空间文化理念。作为设计师，必须熟悉各种功能空间所涉及的生活内容，了解人们在特定的环境中的行为特征及对环境的要求，以把握设计主动性。

公共空间室内设计含义——根据建筑物的使用性质、所处环境和相应标准，运用物质技术手段和建筑美学原理，创造功能合理、舒适优美、满足人们物质和精神生活需要的公共空间室内环境。这一空间环境既具有使用价值，也满足相应的功能要求，同时还反映了历史文脉、建筑风格、环境艺术气氛等精神因素。

上述含义中，明确地把“创造满足人们物质和精神生活需要的公共空间室内环境”作为设计的目的，即以人为本，一切围绕着为人们创造美好的生产、生活室内环境的服务宗旨。

现代生活由于20世纪以来科学技术和工业生产的高度进展，形成了不同于过去的一种崭新而独特的生活方式。这种生活方式包含着群体组织、社会制度、人际关系、伦理道德的改变与革新等。

因此，在改善人们的社会生活，提高人们审美情趣的同时，从个人、家庭、社会、工作四个方面

图 1-5

中药医学联合会馆。建筑外围基调为抽象东方元素，室内空间与内部建筑环境着力体现淡定含蓄的东方之美。由于项目主题灌以中药医学主题，静以养生概念成为空间的设计元素。两局三进式空间，借经典古建之形还当代东方文艺之魂。

的错综而复杂的关系，公共空间室内设计主要考虑的设计因素为：

使用性质——按建筑功能要求的并与其功能相适应的室内空间；

所在场所——按室内空间功能环境的要求与建筑物和周围环境相协调；

经济投入——按相应工程项目的总投资和单方造价标准把握经济投入。

同时，在设计构思时，需要运用物质技术手段，即各类装饰材料和设施设备等等。还要遵循建筑美学原理，这是由室内设计的艺术性决定的。它除了有与绘画、雕塑等艺术之间共同的美学法则（如对称、均衡、比例、节奏等等）之外，更需要综合考虑使用功能、结构、施工、材料、设备、造价标准等多种因素。室内设计是强调科学与艺术相结合、强调整体性与系统性特征的设计，是人类社会的居住文化发展到千年文明高度的标志。它总是和实用、技术、经济等因素联接在一起的，这是它有别于绘画、雕塑等纯艺术的差异所在。

实质上，“室内设计”是“科学、艺术和生活所结合而成的一个完美整体”。在现代工学、现代美学和现代生活的共同激励下，它已经发展成为最能显示现代文明生活的环境创造活动。对于个人和团体来说，它是体现了主人生活和处理环境的基本修养；对于职业性的专家来说，它是建设环境和创造文明的有效方法。换句话说，公共空间室内设计是一种透过空间塑造方式以提高大众生活境界和文明水准的智慧表现，它的最高理想在于增进人类生活的幸福和提高人类生命的价值。

1.2.2　对公共空间的认识

具有公共性质和社会性质的建筑称为公共建筑，其室内空间为公共建筑空间。公共建筑空间是城市建筑空间的重要组成部分，为人们提供社会活动的场地、环境和舞台，同时它们也是城市规划设计、环境设计、建筑设计等重点关注的对象。

现代社会以工业化大生产为特征，强调的是现代工业制度下人与人之间的关系，强调以大众消费和生产为纽带的关系。现代经济制度决定了人与人之间可以不必相互熟悉，而更强调相互间的协作关系。特别是在现代城市当中，经济制度和城市制度决定了人的职业构成和分工，也导致了人与人之间的陌生化。陌生化一方面有力地保证了私人空间的私密性，但也强烈要求具备交流、参与功能的公共空间出现。这类公共空间应该具备游行、集会、演说、交易、观赏等功能，而空间也由于这些活动而具有了公共性特征。

公共空间中的“公共”二字，在我们的日常汉语中，应该包含两层意思，一是“公众的、公共的”，也就是“大家的”、“共有的”；二是“公开的”，也就是“当众的”、“发表的”。“公共”在一定意义上包含了一种平等、参与、互动、共享、共有、共同等内涵。“空间”可以是公共的，也可以是私人的，它既可以是主导性的，也可以是服务性的。“公共空间”即是大众的公有场所。这种具有开放、公开、公众参与和认同的特质空间称为公共空间。公共空间室内设计，是围绕建筑既定的空间形式，以“人”为中心，依据人的社会功能需求、审美需求，设立空间主题创意、运用现代手段进行再度创造，赋予空间个性、灵性，并通过视觉艺术传达方式表达出来的物化的创作活动。这项含有创意与技巧，赋有美学价值的创作活动，也是建筑空间设计重要的延续和深化的内容。室内空间设计的宗旨，是满足适应当代社会经济文化、科学技术高度发展所折射出的人们对生活理念的更新，满足现代生活理念所转换出的物质文明、精神文明多元文化空间的需求。作为设计师，需尽全力创造与现代新生活相适应的活动场所。创造形形色色具有延续城市空间、汇入城市历史文化的公共活动空间。

因此，设计水平高低、施工水平的优劣及设计者专业素养、文化底蕴、表现手法和现场调控能力的高低等因素，都对空间功能文化的表现具有决定性意义。

公共空间室内设计是为了给人们提供进行各种社会活动所需要的、理想的活动空间。如娱乐、办公、购物、观赏、旅游、餐饮等室内活动空间。它具有

满足相宜的生活行为需求和精神需求的功能，与此同时，也能间接满足个人、家庭生活方面的需求。因此，在设计过程中，要求在保证满足使用的合理性、科学性和综合管理的标准性等使用功能的条件下，尽可能地满足现代人的审美需求和文化取向。

公共室内空间与人们的社会活动、社会生活行为最为接近，公共建筑空间室内设计的基本任务和宗旨是为人们提供各种科学合理、高效便捷、舒适清新的公共空间环境，提供满足人们生理和心理的需求，创造符合人们进行各种社会生活行为所需的空间环境，并保障人们的安全、无障碍，有利于人们身心健康。

1.2.3　公共空间室内设计内容

从室内设计的内涵和定义，我们把公共空间室内设计的内容归纳起来，有四个方面：

（1）室内功能空间的设计

根据建筑的性质和所提供室内空间的使用要求，在保障人们安全健康和使用功能的前提下，对空间的诸要素进行合理的处理，确定空间的形态和序列，安排各个空间的衔接、过渡和分隔等问题。同时，对室内空间进行多种手法的艺术处理，创造出能够满足人们物质功能和精神功能要求的、充满文化生活气息的、美观实用的室内环境。

（2）室内装饰及陈设艺术设计

对室内地面、墙面、顶棚等界面的处理及装饰材料的运用；对室内的色彩设计、照明设计和室内庭院绿化的设计；及对室内家具、设备、装饰品、织物、陈设艺术品等方面其他物品的选用、设计和处理。

（3）室内空间界面设计

室内空间界面设计主要是根据空间设计的要求，对室内空间的围护界面，即对墙面、地面、顶棚等进行处理，包括对分隔空间的实体、半实体的处理，对建筑局部、建筑构件造型、纹样、色彩、肌理和质感的处理。

① 底界面设计：通常指室内空间的地面设计，这是与人接触最多的界面，因此，不但要从使用功能入手，还要从使用者的舒适度着眼于材料的耐久性和安全性等问题。一般来说底界面要求耐磨、防滑、易清洁、防静电。

② 顶界面设计：一般指室内空间的顶部，这是室内外空间区别最主要的方面之一。顶界面处理一般有两种做法。一是在楼板下面直接用喷、涂等方法进行装饰的顶面称为平顶。二是在楼板之下新做顶面的称为吊顶。顶界面首先要考虑到功能要求，

图 1-6
广东南湖旅游中心酒店的环境与环保（人与自然的“合”）设计。秉承对环境的绝对尊重，无论基于对令人惊叹的基地的考量，还是为节省成本以及求得与环境统一，各种技术工艺的使用都是为可持续发展而设计。

图 1-7
广州花都KTV。"建筑是凝固的音乐"，在设计上借用了音乐的"高与低"、"起与落"、"急与缓"、"重与轻"。灯光和材料反映出的色彩关系，辅助表达空间的氛围；空间的关系和人行动线的转变将带出视觉的互动，产生娱乐空间的"虚"的精致。

图 1-8
广州怡园沙龙。定位有品位的高端客户。黑色是整个空间主色调，带有神秘色彩。作品在空间布局上讲究安静舒适及私密性。作品在设计选材上利用葡萄酒的瓶塞串成的帘，给人以神秘的感觉。

如照明和声学要求，在观演空间和展示空间里十分重要。

③ 侧界面设计：一般指墙面和隔断，或者一些可以充当竖向分隔的虚实体都可以称之为侧界面。侧界面一般从是否具有遮挡视线的要求，要有较高的隔声、吸声、保暖、隔热等方面都有要求。

（4）室内环境设计

室内环境设计主要是对室内的温度、采暖、通风、干湿调节等方面的设计处理，对声、光、热等物理环境，对氛围、意境等心理环境，对文化内涵（民族特征和区域特征）等文化环境方面的处理与设计。

这四个方面是室内设计的主要组成因素，在设计上缺一不可，每一个因素都彼此相关；在设计的思考上必须每个因素逐一思考，并进行综合协调，才能达到室内设计的完美境界。具体的设计内容为：

① 室内风格设计：运用历史文脉、地域文化、自然等设计元素完成个性化设计。

② 室内空间设计：室内的界面、空间流线、室内构件的设计。

③ 室内照明设计：室内电光源、灯具、照明组合方式的设计。

④ 室内色彩设计：室内界面色彩、室内家具色彩、环境色彩的设计。

⑤ 室内家具设计：家具在室内空间中的作用和分类，家具的风格与流派等。

⑥ 室内陈设设计：室内陈设的作用，陈设品的选择与布置，研究陈设品与所在空间的风格主题、空间尺度、观赏效果要相匹配的问题等。

⑦ 室内物理环境设计：一般是指人工环境的营造，包括采暖通风空调HVAC系统的设计，特别是能提升人体生理和心理舒适度的因素需要加以考虑和设计。

⑧ 室内标识设计：对设计各个部门、特殊功能

位置进行标识设计，包括警示标识和图示标识。

⑨ 室内绿化设计：包括室内绿化设计的原则，室内绿化植物的选择，公共室内空间中的绿化布置，绿化小品的制作和管理等。

室内设计需要考虑的方面，随着社会的发展和科技的进步，还会有许多新的内容。对于从事室内设计的人员来说，虽然不可能对所有涉及的内容全部掌握，但是根据不同功能的室内空间，也应尽可能熟悉相应有关的基本内容，了解与该室内设计项目关系密切、影响比较大的环境因素，在设计时能主动和自觉地考虑诸方面因素，并与有关工种专业人员相互协调、密切配合，有效地提高室内空间环境设计的内在质量。

1.3　公共空间的分类

公共空间的涵盖面很广，内涵丰富，要想把它们分得很细致、很明确并不容易，一般从空间的基本功能与内容的角度主要分为以下几项：

1.3.1　商业空间

商业空间：包括各种类型的百货商店、综合超市、购物中心、产品专业店、专卖店、售楼处等空间场所（图 1-9）。

商业空间究竟应该是怎样一个概念？在回答这个问题之前，先要清楚何为商业。商业空间是人类活动空间中最复杂最多元的空间类别之一，而从广义上可以定义为：所有与商业活动有关的空间形态设计。狭义上则可以理解为：当前社会商业活动中所需的空间设计，即实现商品交换、满足消费者需求、实现商品流通的空间环境设计。狭义的概念理解商业空间设计也包含了诸多的内容和设计对象。如各类商业用的空间设计，博物馆、展览馆、商场、步行街、写字楼、宾馆、餐饮店、专卖店、美容美发店等空间均可以包含在内。然而随着时代的发展，现代意义上的商业空间设计必然会呈现多样化、复杂化、科技化和人性化的特征。其概念也会产生更多的不同解释和外延。

商业空间，基本上可以说是由人、物及空间三者之间的相对关系所构成。人与空间的关系，在于空间取代了人的活动所需机能，包括物质的获得、精神感受与知性的需求；人与物的关系，则是物与人的交流机能；而空间提供了物的放置机能，多数的“物”的组合构成了空间，而多数大小不同的空间更构成了机能不同的更大空间。人是流动的，空间是固定的，因此，以“人”为中心所审视的“物”与“空间”，因需求性与诉求性的不同，产生了商业空间环境的多元性。

如果仅指固定化的商业空间，必然要求固定的商业设施，以便利来往客人的出入。商人的行为目的在于通过交换获取差价的利润。于是能够有效地销售商品便是商业设施的基本功能所在。然而随着商业活动的繁荣和发展，仅仅通过最简单的交换模式早已无法满足顾客的需求。所以商业空间的环境因素，附属的休闲娱乐设施，以及当代科技迅猛发展所带来的“知性的满足”亦越发重要。新的建筑方法和材料也不断应用于商业空间设计。科技感与时尚结合的商业空间使消费者对购买的商品产生信任感并催生购买欲。商业活动在整体消费王朝的影响下也在向更高的层次发展，除了更新产品加强销

图 1-9
唐山百货大楼超级商场。是唐山市的标志性建筑之一。设计重点分析了卖场照明，照明与形的关系引出了吊顶渐变的重复藻井，泛光照明使得光线柔和，藻井中央的射灯可以针对不同商品陈列调整方向。设计语言借助了图形学，以几个简单的图形覆盖各个空间，使整个室内空间有其连续性。

售活动之外，更重视商业的机能性与环境塑造，以满足消费者，最终促成商业活动。

1.3.2 办公空间

办公空间：所有与职业工作相关的公共空间，从大的集团总部到小型办公室等（图 1-10）。

办公空间设计需要考虑多方面的问题，涉及科学、技术、人文、艺术等诸多因素。办公空间室内设计的最大目标就是要为工作人员创造一个舒适、方便、卫生、安全、高效的工作环境，以便更大限度地提高员工的工作效率。这一目标在当前商业竞争日益激烈的情况下显得更加重要，它是办公空间设计的基础，是办公空间设计的首要目标。其中“舒适”涉及建筑声学、建筑光学、建筑热工学、环境心理学、人类工效学等方面的学科；“方便”涉及功能流线分析，人类工效学等方面的内容；“卫生”涉及绿色材料、卫生学、给排水工程等方面的内容；“安全”问题则涉及建筑防灾，装饰构造等方面的内容。

1.3.3 餐饮空间

餐饮空间：所有公共饮食场所，包括中西餐厅、茶室、酒吧、咖啡馆、快餐店、风味餐厅、主题餐厅等餐饮休闲场所（图 1-11）。

餐饮文化空间设计的目的旨在创造一个合理、舒适、优美的就餐环境，以满足人们的物质和精神要求。让人们在其空间里享受就餐的功能和文化功能。所以在设计上必须满足二者的使用功能。主题的确立和创意构想是餐饮空间的关键。一个优秀的餐饮文化空间，必须具有鲜明的主题。主题的内容就是灵魂。餐饮文化空间的中心思想是通过认识主题、体验主题、了解主题而获得认可的，而主题又是通过对人物的塑造、空间的烘托、情节的安排、设计语言的提炼、空间结构的组织来表达的。如何把握主题，在设计之前必须有一个设计计划，掌握好设计中的内容和总体方案，做到心中有数。在设计之前必须了解市场、了解顾客的情感需求、了解所经营的产品，这样才能做到有的放矢，所设计的东西才有说服力、生命力、感染力。

1.3.4 休闲娱乐空间

休闲娱乐空间：包括夜总会、俱乐部、卡拉OK 厅、美容院、理发店、洗浴中心、养生中心等形态的空间场所（图 1-12）。

图 1-10
福州“自由空间”办公楼。作为一家以创意为主的办公空间，设计中融入了当代艺术的元素，被切割的花瓣造型中延伸向上的树枝，意喻为创意的源地。随意挥洒的水墨和金属荷花造型，反思文化上的探索。当代艺术与传统碰撞出创意的火花带给人们耳目一新的感觉。设计赋予了空间的多功能如专业的影像、投影、水吧台、DJ、VIP 区等专业的设施足以满足多种沙龙活动的需要。

图 1-11
上海藏鲜工坊。随着社会物质财富的丰富，人们要求从“物的堆积”中解放出来，要求室内各种物件之间存在统一整体之美。室内环境设计是整体艺术，它应是空间、形体、色彩以及虚实关系的把握，功能组合关系的把握，意境创造的把握以及与周围环境的关系协调。

图 1-12
西安 Fantasy 俱乐部。“Layer、Passing、Show”是设计师为本案拟定的设计主旨，即“层次、通、展示”。设计师对项目的要求是柔和建筑艺术概念、室内与自然生态的关系，呈现出体贴、精致、奢华、唯一的设计空间。紧贴娱乐休闲场所的新趋势，增加空间主题和空间需求成为设计上需要多花心思的内容。凡进入空间，各种需求都可以在这里得到满足，也充分满足了业主的商业需求，使得空间有更好的硬件进行各种运作。

图 1-13
长春松苑酒店大堂设计。突出体现了三个侧重点，其一为“山水”，具体表现为不规则水纹装饰拼花地面，墙面水纹中式花格图案以及立柱中的山纹肌理；其二是中心元素的运用，大堂天花设计灵感来自故宫太和殿，其方中带圆的形式与古人“天圆地方”的理念一致，大堂左右两侧的景观墙面各有 56 个水晶盘铜框装饰造型，绘有 56 个民族的图腾及吉林省五个主要民族的图腾图案，其立意是各民族的融和与团结；其三是运用长白山特有的珍稀植物，如：美人松、绛珠草，将其形态运用在软装图案中，以突出吉林的地域人文特色。

各种场所娱乐模式及消费群体的娱乐项目是由很多不同类型模式组成，娱乐业从最早期的歌舞厅、夜总会式歌剧院、迪斯科、综合性酒吧，到今天的夜总会、量贩 KTV、娱乐会所、慢摇吧等，经历了一个漫长的过程。特别是在娱乐业不断成熟的今天，娱乐模式及消费群体的细分更加明显及专业化，所以在项目策划的时候必须首先要明确方向，确定娱乐的模式及不同的消费群体。因为它的功能、装饰风格、服务方式、经营理念都有着明显的区别，前期的策划设计与以后的经营服务是分不开的，清楚地认识不同娱乐模式及区分不同的消费群体有利于整个娱乐空间项目的整体策划，有助于帮助经营者提高服务品质。

1.3.5 酒店空间

酒店空间：所有与宾馆酒店相关的公共设施，会所、度假村等场所（图 1-13）。

酒店设计是一项比较复杂的室内设计工程，需要掌握酒店室内设计的基本理论和专业知识，并能从事室内装修、室内陈设、家具设计及技术与管理等的高级技术应用性工作。

酒店设计需要设计师综合的专业知识，丰厚的文化积淀，扎实的设计实践以及前瞻性的设计视角。总的来说，首先设计师应掌握酒店文化、酒店发展历史脉络及未来趋势。其次，设计师还需要掌握酒店的分类等级：不同的酒店类型与级别需要与其相适应的酒店空间环境与设施服务系统。最后也是最为重要的是设计师对于旅客消费心理的分析。客户身份背景不同，目的不同，需要的空间环境与配套设施都不同，因此，细致分析酒店的功能特点，明确其定位并给予与其配套的空间设计与服务配套设施是酒店设计的关键。

1.3.6 观演空间

观演空间：用以互动式表演、教育、展示和推广产品或服务的场所。包括电影院、剧院、戏楼、会展中心、画廊、样板间和公共空间里的展示陈列等（图 1-14）。

观演建筑是高层次的综合文化产物，是一个城市的文化“名片”，代表了城市发展的雄心壮志和文化品味。观演建筑功能独特，专业繁多，技术复杂，被许多同行戏称为建筑设计行业的“重工业”。

图 1-14
成都华侨城剧院。该项目设计简洁、大气具有时代气息。在满足观演所需各种功能的前提下注重营造温馨、舒缓的空间氛围，暖色的运用增添了空间的时尚、文化气息。

因此，观演建筑设计创新就是要超越传统观演建筑模式，顺应时代的潮流，接受当代文化的信息，运用科技发展最新的成就，最大限度地满足总体构思，创造新颖的富有时代感的艺术形象和观演空间。

1.3.7 医护空间

医护空间：这个类别包括医院、诊所、养老院、残疾人和老年人保健机构等（图 1-15）。

医疗环境是社会文明进步的重要标志之一，它的发展不但体现了社会卫生事业的进步，更与国计民生息息相关。而人们对就医环境的要求也在不断改变，从七八十年代强调“以病人为中心”的观念，到 21 世纪“既以病人为中心，也为医护人员改善环境”的理念，直至随着计算机和网络的出现，数字化技术在医疗设备中的应用及医疗设备的小型化、便携化，又使医院有向家庭化回归的趋向，追求自然也成为新的时尚。总而言之，人们在要求医疗环境更舒适的同时，也要求功能更全面。这就使医院的建筑设计变得越来越复杂，同时也对设计师

图 1-15
昆山市第一人民医院开发区分院

图 1-16
安静典雅的图书馆阅览室

的要求越来越高。如何创造一个高层次的情感健康的康复环境，如何使患者在就医过程中有一个令人愉悦和感觉温馨的空间，如何使医生保持一个平和的心态，如何体现对病人、医护人员的关怀，如何体现高效率、快节奏，同时又能尽量降低日常运行成本，这些关于医护空间的设计知识我们将在以后的章节中详细阐述。

1.3.8 文化空间

文化空间：包括文化活动场所、图书馆、博物馆、纪念馆、艺术馆、宗教场所等各类陶冶情操，愉悦精神的空间类型（图 1-16）。

文化空间或文化场所，是联合国教科文组织在保护非物质文化遗产时使用的一个专有名词，用来指人类口头和非物质遗产代表作的形态和样式。文化空间从其自然属性而言，必须是一个独立的文化场所，即具有一定的物理、地理空间或场所，这个场所有时具有文化景观遗产那样的景观价值，有时只是普通的场所，有时是神圣的场所，有时甚至是不固定的场所，但是由固定的时间和随意的场所相结合。

文化空间从其文化属性看，则往往具有综合性、多样性、周期性、季节性、神圣性、族群性、娱乐性等等。文化空间的自然属性的表现形式：文化广场、广场文化、宗教场所、古村落、海岛、集镇中心、庙宇、寺观、教堂、神山、圣山、湖泊等等；文化空间的文化属性的表现形态则有：岁时性的民间节日，神圣的宗教聚会纪念日，周期性的民间集贸市场，季节性的情爱交流场所，娱乐性的歌会舞节，盛大的祭祀仪礼及其场所，语言，族群的各种独特文化，独特的历史传统等。综合自然属性和文化属性的文化空间，就成为活态的生态的文化遗产，是非物质文化遗产最为集中、最为典型、最为生动的形态和形式。

1.3.9 教育空间

教育空间包括各类学校、培训中心等(图 1-17)。校园及培训机构的空间设计中，文化氛围的形成是一个全面的、系统的重要问题，应综合考虑。具体的可以考虑从以下几个方面着手：一是总体规划。例如，西方巴西利卡式的广场规划和东方庭院式的规划体现出的是不同历史“文脉”的传承。校园设计应注重校园历史及文化氛围的传承，通过总体上景观、建筑群组、功能建筑小品、雕塑等的布局突出教育机构独特的文化气质，传递给学生某种特定的文化气息。二是建筑风格。“建筑是凝固的音乐”，建筑既是功能的载体，也是艺术的载体，它的风格对文化氛围的形成起着举足轻重的作用。建筑或古典、或现代、或折衷、或高科技，不同的风格能让人感受到不同的文化。三是园林景观。西方规整的几何式园林构图与东方曲径通幽、小桥流水的造园艺术体现了不同的审美情趣和哲学思想。人工的绿化与自然的植被也有着不同的文化感染力。四是雕塑小品。雕塑小品在空间设计上是点缀，但对文化主题的表达有着“画龙点睛”的作用。所以，要想营造一个和谐自然的文化氛围，应从这四个方面着手，由大到小，由广及微，由简入繁。

1.3.10　体育空间

体育空间：包括体育馆、竞技中心、练功房等（图 1-18）。

第 29 届奥林匹克运动会在北京的成功举办为中国体育建筑迎来了历史性的发展时期。体育场馆设计在建筑结构、造型、功能和技术等方面有了长足的进步并取得了令人瞩目的成果。“绿色理念”和“绿色设计的手法”是近年来体育空间发展的重要考虑之一，其理念已经逐渐融入到了体育空间设计中，并被越来越多的设计师重视，并形成了较为完整的设计体系，使得体育空间这个原来耗能和污染巨大的公共空间的情况得到很大的改善。体育空间尤其是大型体育场馆公共空间的“绿色理念”充分体现可持续发展的思想，采用先进可行的环保技术和建材，最大限度地利用自然通风和自然采光，节省能源和资源，竖立环保典范。另一方面，“科技理念”与“人文理念”也是体育空间设计师考虑的重要内容。先进、成熟、可靠的设备与技术为人

图 1-17

万科可良渚文化村幼儿园。该幼儿园室内空间采用柔和的嫩绿色为主色调，空间温馨、和谐又富有童趣。空间体量不大，尺度小巧，倾斜、镂空、扭转都恰如其分。不规则形状的阴角划分处理既生动活泼也含有安全因素的考虑。简洁中蕴藏着错落有致，虚实变换，很符合儿童的天性。

图 1-18

广州亚运馆。位于亚运城的广州亚运馆，形态飘逸如行云流水，宛若艺术体操中的飘带飞舞在水面，它承办亚运会的体操、艺术体操、蹦床、台球和壁球比赛，其外形和承办项目灵动的特征非常契合。相比其他体育场馆，广州亚运馆最大的特点是一座“有表情”的场馆。

们在空间中各项设备设施的安全使用提供保证；同时设计以人为本的空间，强调人机工学在装饰中的运用，特别是充分考虑各类人员尤其是残疾有行动障碍者的需求是设计体育空间的重点。设计师最终呈现的是能够体现人文关怀的、合理的公共空间环境。最后，体育空间尤其是大型体育场馆的设计也要注重空间所赋予的文化内涵，如同文化空间里的纪念馆、艺术馆一样，体育场馆也会成为城市的亮点与地标。

1.3.11 交通运输空间

交通运输空间：包括机场、火车站、地铁、轮船以及收费站、监控中心等其他交通运输的服务机构（图 1-19）。

交通运输空间是为繁忙的交通走廊进行现代化设计，不仅满足其明确的功能需求也是延续城市文脉，表达城市理念的载体。交通空间设计应本着“以人为本，以流为主”的理念，努力探索创造出符合新时代特征的具有鲜明地域特征的精品。

交通运输空间首先应考虑总体规划和景观设计；其次要考虑功能流线设计和功能布局，比如：进出站旅客流线；再次，空间形态与造型应与当地城市文化、尺度相融合，延续城市肌理。

1.3.12 历史文化建筑室内空间保护、改造与更新

历史文化建筑室内空间保护、改造与更新：包括历史古建筑的室内环境保护和修缮，以及在城市近郊和市区内的工业建筑的改造，更新成为具有新的使用功能的建筑形态（图 1-20）。

建筑作为人类社会的物质载体，是社会、经济、文化发展的产物。随着人类的发展，其本身也处于不停的新陈代谢过程中。因为很少能见到经历百年后一直作为同一种用途的建筑，相反，我们却能将昨日的厂房、王宫变成今天的购物中心、博物馆。

在西方工业发达国家的城市中，历史建筑更新的活动早已成为一种趋势。在功能置换等方式进行的再利用开发中，既有建筑师创新和智慧的作品，也有天才艺术家天才的创造。他们都提供了一种新的思路和途径。

我国对旧工业建筑的改造始于 20 世纪 80 年代后期。建筑师崔恺将外研社旧印刷厂改造为办公楼，张永和将国棉第三纺织旧厂房更新为远洋艺术中心等实践都对此进行了有益的尝试和探索。

图 1-19
虹桥枢纽交通运输。虹桥综合交通枢纽是城市交通建设上的一大创新，它包括将航空、高速铁路、磁浮、地铁等多种交通方式结合在一起，不管是汇集的交通方式的数量还是规模，在国际上都是前所未有的。

图 1-20
坐落于上海东外滩的上海国际时尚中心。是一项历史改造工程。清水红砖，现代时尚气息中依然透露着上世纪的工业文明积淀。她既保留了20世纪20年代老上海工业文明的历史年轮，又融入了当代时尚的审美。其更像是一本厚重的人文书，有关寓意，有关心灵，有关所有徜徉于此的人走过的路。在这里细微品读，每件设计作品都耐人寻味，意境深远。

在历史文化建筑室内空间保护、改造与更新中，既要注意原有室内空间的拆分与嵌插，又要注意与室内环境衔接处的处理，比如让观者感知、体验、品味年代感、文化感等。

我们把公共空间进行分类的主要目的：一是认识和了解不同空间的基本功能和要求，更好的理解室内设计所要把握的不同功能空间的设计特征，明确所设计的室内空间的使用性质，以及室内空间所要表达的环境氛围。二是较好的分阶段掌握室内设计方法，从小到大、从易到难、从自由的空间到特殊的限定的空间。

本书由于篇幅所限只着重介绍商业空间、办公空间、餐饮空间、娱乐休闲空间、酒店空间、医护空间等内容。大多数的公共空间室内设计原理与要素是相通的，在具体空间设计时，把握好不同内容空间的功能与设计需求就可以了。

1.4 现代公共空间设计发展趋势

随着社会的发展和时代的推移，现代公共空间室内设计逐渐从全盘引进、低水平、无序的室内设计向自行设计、专业培养、规范化运作方向发展。但是当前国内室内设计存在的弊端与误区也很多，如忽视环境协调，忽视历史和文化背景，整体缺乏建筑感等都是在公共建筑领域里广泛出现并需要引起我们重视的。总的来说现代公共空间设计发展趋势具有以下特点：

① 从总体上看，公共空间室内环境设计学科的相对独立性日益增强；同时，与多学科、边缘学科的联系和结合趋势也日益明显。现代室内设计除了仍以建筑设计作为学科发展的基础外，工艺美术和工业设计的一些观念、思考和工作方法也日益在室内设计中显示其作用。

② 公共空间室内设计的发展，适应于当今社会发展的特点，趋向于多层次、多风格。即室内设计由于使用对象的不同、建筑功能和投资标准的差异，明显地呈现出多层次、多风格的发展趋势。但需要着重指出的是，不同层次，不同风格的现代室内设计都将更为重视人们在室内空间中的精神因素的需要和环境的文化内涵。

③ 专业设计进一步深化和规范化的同时，业主及大众参与的势头也将有所加强。这是由于公共空间室内环境的创造总是离不开生活、生产活动于其间的使用者的切身需求、贴近生活，能使使用功能更具实效，更为完善。

④ 设计、施工、材料、设施、设备之间的协调和配套关系加强，上述各部分自身的规范化进程进一步完善。

⑤ 由于室内环境具有周期更新的特点，且其更新周期相应较短，因此，在设计、施工技术与工艺方面优先考虑干式作业、块件安装、预留措施等的要求日益突出。

⑥ 从可持续发展的宏观要求出发，公共空间室内设计将更为重视防止环境污染的“绿色装饰材料”的运用，考虑节能与节省室内空间，创造有利于身心健康的室内环境。

因此，从事公共空间室内设计的同学可以多看资料、多观摩、多练习，不断提高自身的文化底蕴和修养都将对设计相当有益。这样，设计出的作品才能顺应未来室内设计发展趋势，成为行业的领航人，方案也会经得起推敲和时间的考验。

思考题

1. 公共空间室内设计的目的是什么？
2. 谈谈不同类型的公共空间各自不同的设计要求。
3. 考察、搜集相关公共空间的资料图片，从整体的设计定位、空间的布局、造型色彩等各方面的表现进行分析，作出相应的评价。

第2章
商业空间

2.1 概述

商业空间是指为人们日常购物活动所提供的各种空间与场所，使人们在这些空间中完成商业的购销活动，相对于办公、餐饮、居住、交通等人类活动的其他性能的空间，作为商品提供者和消费者之间的桥梁和纽带，商业空间为人们提供了一个以商业活动为功能基础的社会交往、休闲消费的活动场所。

随着经济与生活环境水准的提升和休闲时间增加，逛街、购物已逐渐被人们视为生活中不可缺少的内容。它可以是一种人文活动，也可以是商业活动，更可以被视为是一种艺术与教育活动。如今消费者对消费环境也有了更高的要求，去购物不仅仅是为了买东西，同时还想体验一下轻松而幽雅的消费环境，或去或留，在很大程度上取决于环境质量。

商场是商业活动的主要聚集场所，它从一个侧面反映一个国家、一个城市的物质经济状况和生活风貌。商品经济的发展，使买卖的双方成为商业购物环境中的主体，即消费者和商品经营者，无论缺少哪一方面都构不成商业活动。商业环境空间不断发展，使消费者的购物行为更为“方便、舒适、愉快”，使商家的服务更加“快捷、周到、完美”。不仅推动了商业环境品质提高，同时促进了社会经济活动的繁荣。今天的商场功能正向多元化、多层次方向发展，一方面，购物形态更加多样；另一方面，购物内涵更加丰富，不仅仅局限于单一的服务和展示，而是表现出休闲性、文化性、人性化和娱乐性的综合消费趋势（图 2-1）。这就形成新的消费行为和心理需求，它反馈于室内环境的塑造，就是为顾客创造与时代特征相统一，符合顾客心理行为，充分体现舒适感、安全感和品味感，使之成为人们真正意义上的重要消费场所。

图 2-1
室内商业街。该项目以几个葡萄酒之乡的建筑为蓝本，打造出一个别致的欧洲小镇。建筑结合红酒精品街的主题，具有较高的观赏趣味性。同时，也是满足其商业用途的城市文化历史传承的展示之所或教育之所。

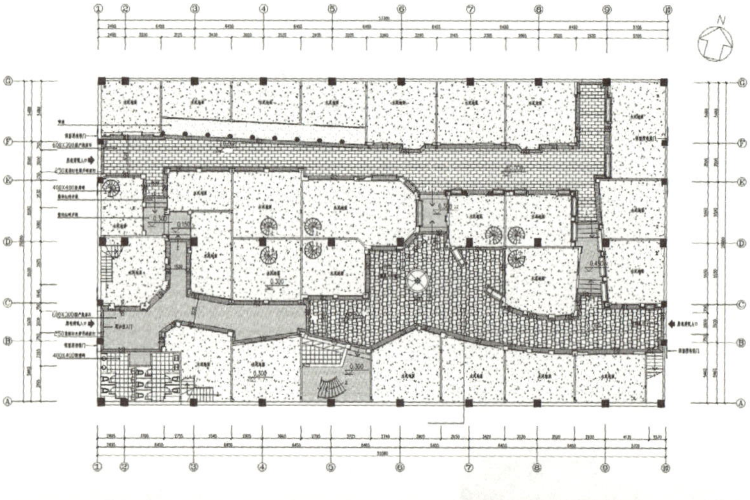

2.2 商业空间的构成

2.2.1 商业空间的基本要素

商店是消费市场买卖双方进行商品交易活动的商业空间。其中，作为主体的买卖双方、作为中心内容的商品和为进行交易活动提供的场所这三者是构成商业空间的基本要素（图 2-2）。

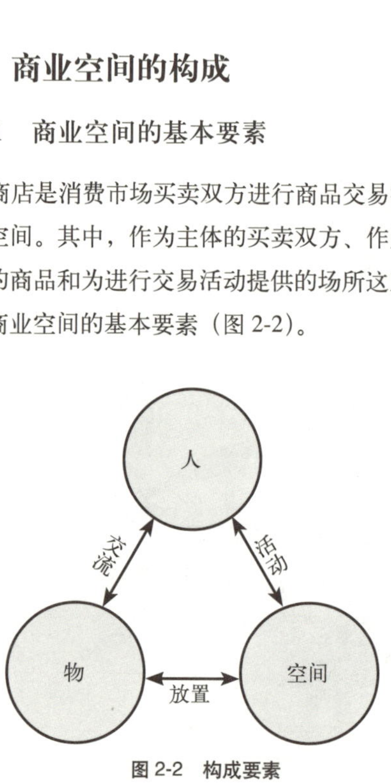

图 2-2 构成要素

上述三要素中，人是流动的，空间是固定的，它们始终是处于一个动态平衡系统之中。因为商家为追求商业利润扩大化，需要在此传播信息，装饰美化；在建筑层面上更是注重选址、规划和布局、空间的组合设计、外观与形象的设计；在室内环境设计层面上对消费主体的分析、定位及相应程度的空间变化，以创造出消费者流连忘返的，满足精神需求的特色空间；从设备设置层面上，提供清新的空气，舒适的温湿度，足够的光照度，以满足安全舒适的要求。

2.2.2　商业空间的分类

（1）按商业空间规模区分

人们在生活中接触的有商业街、商业中心（或大型综合性商业建筑）、大型专业商城、大中型综合商场、大中型自选商场、各专业商店、小型商铺、店面、摊位等，它们各自存在不同特点。

我国目前以下列标准划分商店空间的规模（表2-1）。

表 2-1

商店规模	百货商店、商场（人）	菜市场（人）	专业商店（人）
大　型	>15000	> 6000	> 500
中　型	3000 ~ 15000	1200 ~ 6000	1000 ~ 5000
小　型	<3000	<1200	<1000

（2）按建筑空间形式划分

① 独立设置在一幢建筑内的独立式商店；

② 与其他用途的建筑（如住宅、办公写字楼，旅馆、车站等）组合修建而结合为整体的合建式商店；

③ 和在街道两旁毗邻相连、修建商店组合而成的商业街；

④ 商业街上空架设屋顶拱廊的室内商业街；

⑤ 设于城市地下或建筑地下层的地下商场和地下商业街等。

（3）按内容、经营特点和组织方式分类

① 按经销商品的品种，商业建筑可分为经销多品种商品的综合性百货商店和专营某类商品的专业商店。

图 2-3
该项目位于杭州南宋御街，是市政府大力开发的文化古街，作为杭州的旅游及商业亮点，在保留原来面貌的基础上体现品牌文化，在选材和设计上颇为讲究。

② 按经销商品的类型，商业建筑可分为营业厅、库房、办公、福利及设备用房等部分。其中营业厅是直接进行销售活动的场所，为商店建筑的核心。

这些多种类型和形式的商店，是随着社会发展与时代进步逐渐进步演变而形成的。虽然类型繁杂、形式多样，但其基本构成要素始终未变。因此，无论何种类型与形式的商店建筑，其基本要求均为：

- 满足顾客购物行为和心理需求。
- 促进卖方营销活动的顺利进行。
- 便于商品展示陈列、收存发售。
- 适应社会发展、利于城市环境。

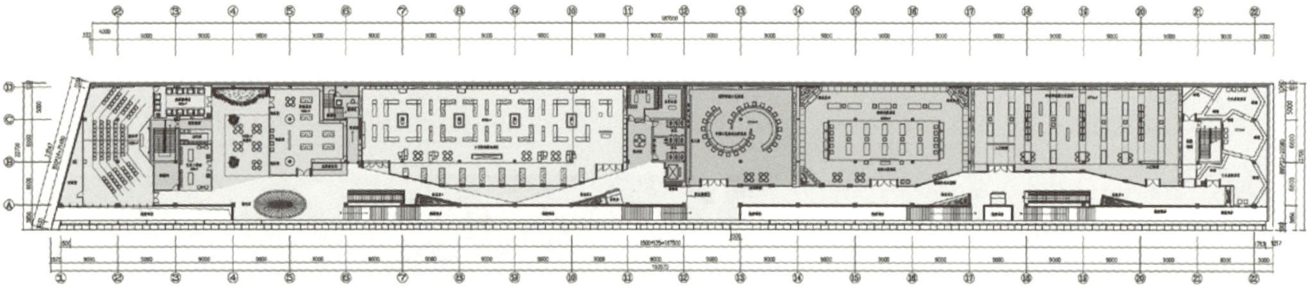

图 2-4
闽龙陶瓷艺术馆。该设计从传统文化中汲取灵感，用现代手法演绎，把展卖双重功能融合在艺术馆中，赢得了各方面极佳的好评和赞誉，令艺术展示与商业经营获得了完美的结合和统一，获得了社会与经济双重效益。

2.3 消费行为与商业空间的基本特性

商业空间的环境设计会对人们的行为产生各种影响，随着环境心理学、消费心理学等基础研究的不断拓展与深化，如何将心理学、社会人类学、材料学、生态学、多媒体技术等同商业空间室内设计结合在一起，使得商业空间既具有时代特色又有利于人们身心和谐，并促进社会的健康发展，作为现代的商业空间室内设计也引起人们更多的关注。只有综合运用各学科领域交错发展、相互融合形成的现代观点来分析、判断、决策，才能设计出真正为买卖双方欢迎的商业空间。

2.3.1 消费者商业行为分析

顾客购物行为的心理活动过程，是设计者和经营者必须了解的基本内容，通过认真分析后考虑设计与经营的对策。顾客购物行为的心理活动过程，从接受刺激物的外界信息开始，可分为如图 2-5 所示六个阶段的三个过程。

根据上述顾客购物的行为心理过程，设计者可以在顾客认知、情绪、意志等三个心理活动的过程中，从室内外环境设计的整体构思到装饰设计细部处理手法，激发顾客的购物欲望并使之实现。

消费者有的是有明确的购物目的、明确的商店目标，也有无目的的逛街，然后是寻找或随机获得信息，于是有可能被商品吸引产生兴趣，进行审视和挑选，最终有两种情况：即产生信赖，做出决策，购物成功；也可能进行挑选后由于外观款式、色彩、内在质量、价格等种种因素未能购物。

2.3.1.1 不同消费者的商业行为差异

（1）不同年龄人群的消费行为差异

① 青年人在商业空间中的活动和参与要求丰富而强烈，希望得到更多的交往和娱乐。

② 中年人在商业空间中的活动以实用性为主，包括购物、饮食和参加一些旁观性质的娱乐活动等等。

③ 老年人在商业空间中的活动主要以休息、

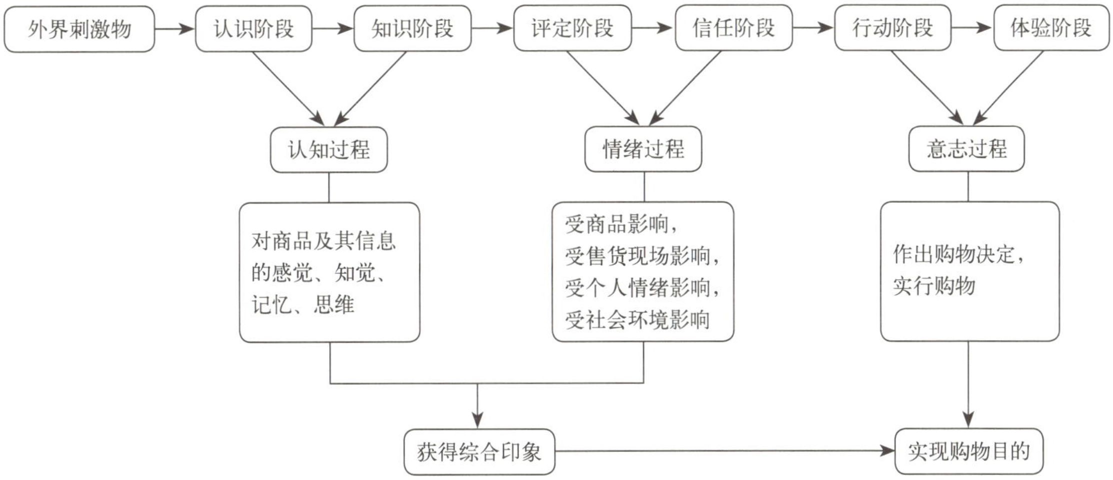

图 2-5　购物行为分析

感受和交流为主，伴以少量的消费行为。

（2）**男女消费方式和消费心理的差异**

① 女性消费的计划性与目的性比男性差；

② 女性的消费决策比男性犹豫；

③ 女性比男性更喜欢结伴而行。

（3）**不同居住地人群的消费行为差异**

① 居住在商业设施附近的人，因为距离很近，所以光顾该设施的时间一般较短，且目的和周期都具有随机性。随着居住地点与商业设施距离的加大，人们光顾该设施的周期会延长，目的性也会增强。如果商业设施有足够的吸引力，在其中逗留的时间也相对加长。

② 郊区和农村居民进入市区商业设施购物、闲逛的时间更长。如果商业设施具有足够的吸引力，他们又具有相当消费能力的话，在其中逗留的时间也会更长；其中大多数消费能力较低的人，会在各种商业场所之间，进行逛商店、吃饭、看电影等各类消费不高的休闲活动，作为生活调剂。

③ 外地人到商业设施中主要为了寻求土特产品和风味小吃，感受当地风土人情。

2.3.1.2　消费行为对商业空间的要求

不同的消费者对商业空间环境的很多综合要求大体相同。这些要求可归纳为以下几点：

（1）**便捷**

便捷主要关系到商业空间的选址问题。意味着消费者不仅可以方便、快捷地达到消费地点，还省时省力又省钱。大型商业设施的交通方便也成为吸引顾客的重要因素。

（2）**商业聚集与可选择性**

消费者为了得到满意的商品，往往希望多家商店聚集在一起，或一家商店提供品种繁多的商品，方便他们进行选择与欣赏。多家商店聚集在一起，往往容易形成浓厚的商业气氛，聚集更旺的商业人

图 2-6
该旗舰店建设主要体现“形象性和实用性相结合、战略性和当前性相结合。色彩简洁大方、材料时尚、科技感强。

图 2-7
某品牌服装店

气，吸引更多消费者的到来。在商业中心区，不同商业类型的聚集，成为吸引消费者的重要因素。

(3) 回避或消除排斥性气氛

经营不同商品的商业空间，可能具有不同的商业气氛。商业设施的建设，应该回避或消除对可能破坏商业经营气氛的各类排斥性气氛。

(4) 可识别性

商业建筑的形式与空间、标识与门面、某些细节等，都可能构成商业空间的可识别特征。

(5) 舒适

建筑环境的舒适与否，影响着消费者在建筑空间中的感受。提高购物环境的舒适度，能够提高消费者前来的次数和逗留的时间，达到“集客”与提高销售的目的。在商业建筑中，影响舒适感的因素包括生理与心理因素的多个方面。如：

① 合适的温度、湿度与空气的新鲜程度及气流，是人在商业建筑空间中产生生理舒适感的基础。在我国现代商业建筑中，新鲜的空气相对难以保证。

② 合适的人流密度。在商业空间中，人流密度也是影响消费的重要因素之一。当人的密度过高时，人们一般会感受到干扰、拥挤与混乱；但人的密度过低时，一般又会感到人气不足。在建筑设计中，还应通过各种设置，调节人流密度舒适感。

③ 足够的休息场地与设施。在商业空间中，除了椅子、凳子外，花台边缘、水池边缘、低矮护栏、部分扶手等地方都可以作为人们休息的设施。

④ 空间美感。指建筑造型、空间、色彩、质感、光线、招牌等可能使人产生的美感、舒适感的特征。优秀的商业空间设计应使多数人都能感受到空间美感。

(6) 安全

具有安全感的商业环境，可以使消费者自由自在地从事各种活动而不用担心安全问题。商业建筑除了要达到国家有关“规范”的要求外，还要在环境心理上满足顾客的安全要求。

(7) 可信

舒适美观的空间环境、井然有序的布置、真挚亲切的服务、与商品特性相吻合的建筑空间与形式等等，都可以加强商业设施的可信度。

图 2-8

室内采用三维椭圆形体，利用线条强化斜面的动感，打破室内单调的方正空间，使其在功能上更有层次、更具观赏性。在材料上大量采用木线条以及亚克力发光体营造满天星效果，很好地体现出楼盘的主题及气质。

图 2-9
首地大峡谷购物中心将餐饮、电影娱乐与购物中心紧密结合。追求公共空间的纯净，避免与各个店铺的个性装饰争夺绚烂。严格遵照招商顾问的空间布局，将功能性质最大的发挥。

2.3.2　商业空间的基本特性

不同的商业空间有不同的基本特征，商业零售业态是商业活动中的具体形式，有很强的互补性，同时又彼此竞争。随着消费需求及其满足方式的不断变化，出现了零售业态的不断创新及业态间的渗透，使得业态间的界限日益模糊。然而，一种业态之所以能够成立，是因为其具有区别于其他业态明显的特征，承担着不同的功能与任务，或能满足顾客某一方面的特殊需求，提供顾客某一方面的特殊服务。所以随着消费需求在不断地变化，新兴的商业零售形式也在不断地出现。不同商业零售业态竞相发展，进一步挤占市场份额。近几年受众多因素的影响，商品流通领域不同商业零售业态发展变化较快，各商业网点在服务质量和功能方面上档次、上规模，形成了一个大中小型相结合，多种经营和运行方式相伴而行的商品市场网络。百货商店、大型综合超市、仓储商店、大型购物中心、折扣店、大型专业店、小型专卖店等不同商业形态以各自不同的特色吸引着广大消费者。除了上述几种主要业态，以无店铺经营为特征、以网络技术为基础的网上购物（E-Shop）在我国也获得了一定的发展。

作为室内设计师应了解商业空间的基本特征，以及不同消费群体的消费取向，对不同的商家和经营范围进行针对性的策划，从而创造出更具特色的商业空间形象。

下面将分门别类的详细介绍几种主要的商业零售业态。

2.3.2.1　百货商店

百货商店是零售商业企业以经营日用工业品为主的零售商店。它拥有较大的销售面积，在一个建筑物中提供几乎日常生活领域里的所有的消费品。每一个商品部都可以成为一个专业商店，销售面积至少为 2500 平方米。集中了若干专业的商业部门，门类齐全，经营则采取柜台销售和开架面售相结合的方式。

百货商店最主要的任务就是汇集商品，汇集商品越多自然效益越好，无需定位，到处都是“人民商场”、“大众商场”、“工农兵商场”。从零售业态的变革来看，超级市场、便利商店、仓储商店、折扣商店、专业商店等的纷纷涌现，对百货商店形成了一种围攻之势，加速了百货商店的成熟化过程，销售额增长趋缓，利润水平呈下降趋势，进入微利经营时代。

2.3.2.2　仓储商店

可以理解为卖场和仓库合一，商场的空间60%以上用于商品储存的批发性质的商场。采取自选销售方式，以销售大众化实用品为主，并实行储销一体，低价销售的特征。以规模大、价钱平、种类繁多而选择齐全的特色去吸引消费者。销售商品采取仓库式陈列的自选经营方法，营业面积在10000 平方米左右，顾客以中小零售店、餐饮店，集团购买为主。有的仓储商店采取会员制形式，只为会员服务，储销一体，低价销售，产品采用大包装。仓储商店是一种提供有限服务的销售业态。

2.3.2.3 大型综合超市

大型综合性超级市场是采取自选销售方式，以销售大众化实用品为主，比仓储式商场更能提供一种良好舒适的购物环境及多品种商品选择机会的零售业态。其满足一次性购全物品的需求，注重本企业品牌开发。采取自选销售方式，出入口分设，结算在集中的收银处，营业面积5000平方米以上。

超市卖场布局的要领：一般来说，超市卖场指的就是店铺内陈列商品供顾客选购的营业场所。超市卖场布局最终应达到两个效果：第一，顾客与店员行动路线的有机结合。对顾客来说，应使其感到商品非常齐全并容易选择。对店员来说，应充分考虑到工作效率的提高；第二，创造舒适的购物环境。

超市卖场通道的设计：超市的通道划分为主通道与副通道。主通道是诱导顾客行动的主线，副通道是指顾客在店内移动的支流。超市内主副通道的设置不是根据顾客的随意走动来设计的，而是根据超市内商品的配置位置与陈列来设计的。良好的通道设置，就是引导顾客按设计的自然走向，到达卖场的每一个角落，接触所有商品，使卖场空间得到最有效的利用。以下各项是设置超市内通道时所要遵循的原则。

（1）**通道的宽度**

通道的宽度即要保证顾客提着购物筐或推着购物车，能与同样的顾客并肩而行或顺利地擦肩而过。不同规模超市通道宽度基本设定值如表（表2-2）：

而对大型综合超市和仓储式商场来说，为了方便更大顾客容量的流动，其主通道和副通道的宽度可以基本保持一致。同时，也应适当放宽收银台周围通道的宽度，以保证收银处的通畅性。

（2）**设计合理的购物路线**

通道要尽可能避免迷宫式通道，要尽可能地进行笔直的单向通道设计（图2-10）。在顾客购物过程中尽可能依货架排列方式，将商品以不重复、顾客不走回头路的设计方式布局。而且通道地面应保持平坦。处于同一层面上，有些门店由两个建筑物改造连接起来，通道途中要上或下几个楼梯，有“中二层”、“加三层”之类的情况，令顾客眼花缭乱，不知何去何从，显然不利于门店的商品销售。

（3）**通道上的照度比卖场明亮**

通常通道上的照度起码要达到1000勒克斯，尤其是主通道，相对空间比较大，是客流量最大、利用率最高的地方。要充分考虑到顾客走动的舒适性和非拥挤感。

（4）**没有障碍物**

通道是用来诱导顾客多走、多看、多买商品的，应避免死角。在通道内不能陈设、摆放一些与陈列商品或促销无关的器具或设备，以免阻断卖场的通道，损害购物环境的形象。

随着人们生活水平的提高，大型综合超市也将是主导形式。人们去商场超市的购物频率和购物额也呈现上升的势头，同时，行业竞争也更为激烈。在人们生活节奏日益加快的前提下充分迎合了消费者对简洁、自由的生活方式追求的心理，加上其廉价便利的经营宗旨，使得大部分家庭将大型综合超市作为生活购物场所的第一选择。

表2-2 超市通道宽度设定值

单层卖场面积（平方米）	主通道宽度（米）	副通道宽度（米）
300	1.8	1.3
1000	2.1	1.4
1500	2.7	1.5
2500	3.0	1.6
6000以上	4.0	3.0

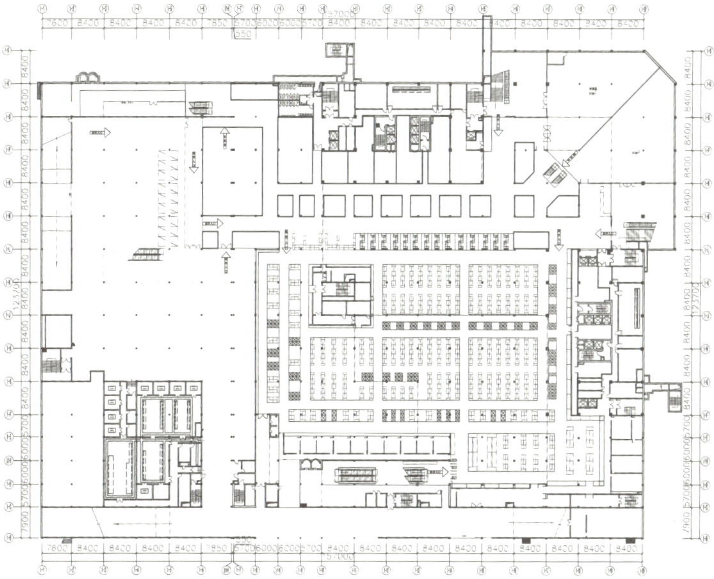

图 2-10
北国商城超市使用环形动线，并将生鲜与食品卖场进行独立划分，使人流能够顺畅流动到卖场各个区域，从而杜绝了经营死角，最大限度地促进顾客的购买行为。

2.3.2.4 折扣店

折扣店不是打折店。从实际操作看，折扣店是一种介于标准型超市和大卖场之间的业态形式，开设地点一般都在居民区，以经营消费者日常生活必需品为主。折扣店与一般超市的区别是显而易见的。首先，折扣店拥有50%～60%的自有品牌，在欧洲，许多折扣店的自有品牌比例高达80%。其次，折扣店经营的商品种类相对比较集中，主要以袋装的生鲜食品如蔬菜、水果、肉类、禽蛋等以及其他食品为主；折扣店的面积大多在500～2000平方米，购物环境只求简单干净，不求考究奢华。折扣店的商品一律采用原始包装，一般不提供购物袋。

2.3.2.5 大型购物中心

在一个大型建筑物内，由企业有计划的开发、管理、运营的集合体。内部结构由百货商店作为核心，外加各类专业店、专卖店、餐饮娱乐设施，营业面积在10万平方米以上，功能齐全，集购物、休闲、娱乐、餐饮为一体。

Shopping-mall 其实就是集美食、娱乐、购物于一体的超大规模的购物中心。一个真正意义上的 Shopping-mall 大体包括主力百货店、大型超市、专卖店、美食街、快餐店、高档餐厅、电影院、影视精品廊、滑冰场、茶馆、酒吧、游泳馆、主题公园等，另外还配有停车场等。

在购物中心，消费者可以享受到“一站式服务”，也就是把商业空间步行化、室内化，以及公共空间社会化。对消费者而言，在相对有限的空间中，享受到无限的娱乐休闲，可以看电影、泡茶吧；可以购物、闲逛，还可以感受新时尚、体验新潮流。主体性的购物中心发展用招商的方法和引进专业专卖

图 2-11
“丰”字形的平面布局，便于商场流通，街巷式中庭廊道，增强上下楼层的互动。

店、引进餐饮娱乐业为行业组合。由此可见，一个有计划的购物中心对其租户有很大的控制权。

2.3.2.6　大型专业店

采取自选销售和开价面售相结合的方式，以销售某一大类或几大类商品和提供相关技术服务的模式。营业面积在 5000 平方米以上。目前发展起来的专业店主要表现为家用电器、建材装饰材料、家具家居类等。生活节奏的加快，使得消费者购买习惯随之改变，而专业店的出现正好适应了这种习惯的变化。如今消费者在购物时已开始考虑消费成本的投入，包括交通成本、时间成本、选择余地等。而大型百货商场大多是综合性商品经营，顾客进入百货商场大多要“货比三家”，相对会投入大量的时间，而某个品牌专卖店由于品牌单一，货品局限很大，顾客的选择余地也就会相对减少，因此，专业店的存在扩大了顾客的选择余地，同时又节省了购物时间，减少了交通费用。

图 2-12
唐山百货大楼超级商场

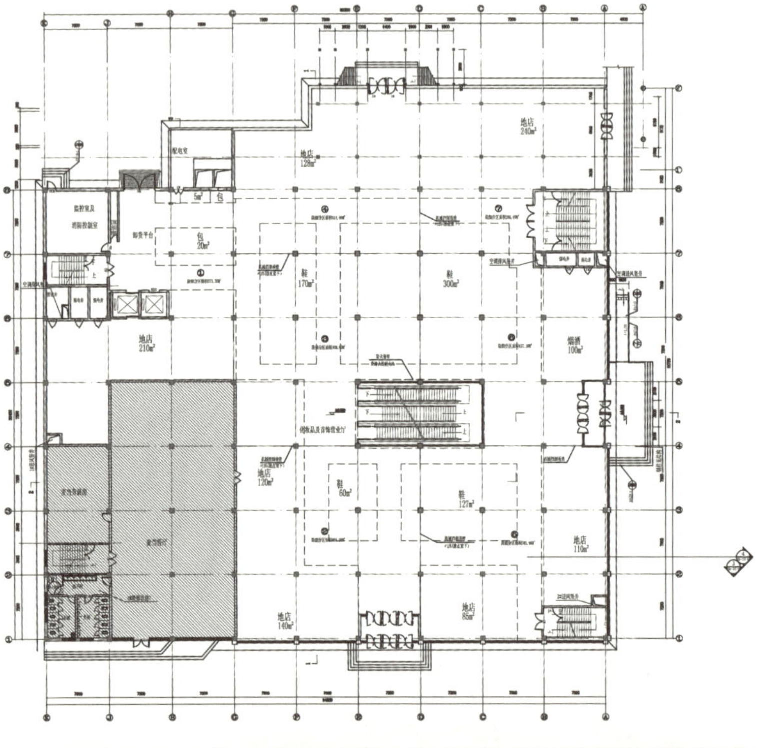

2.3.2.7　小型专卖店

专卖店是指以销售某一品牌系列商品为主。专业经营或授权经营，注重品牌声誉并提供专业性知识服务，面积较小，采取柜台销售或开架面售方式，具有较高的商品附加值。顾客以中高档消费者和追求时尚的年轻人为主。销售空间的设计皆为挑战传统陈规的作品，崇尚个性，广泛的风格跨度游离于时尚与艺术之间，充分展现设计师的哲学理念和艺术修养，诠释精品优雅姿态，演绎个性化生活哲学。

2.4　商业空间的室内设计

2.4.1　商业空间的设计原则

商业空间、经营者和消费者的心情是对称的，其主题就是在“欲”意上。能创造吸引顾客的商场整体营销氛围是商业空间环境设计的基本原则。以此展开，确立其他一些具体的设计原则：

① 商业空间的室内设计应有利于商品的展示和陈列，满足于商品展示和陈列的合理性、规律性、方便性，根据营销策略进行总体布局设计，以有利于商品的促销，为营业员的销售服务带来方便，最终是为顾客创造一个舒适、愉悦的购物环境。

② 根据商场（店、中心）的经营性质、理念，商品的属性、档次和地域特征，以及顾客群的特点，商店形体外观以至地区环境等因素，来确定室内环

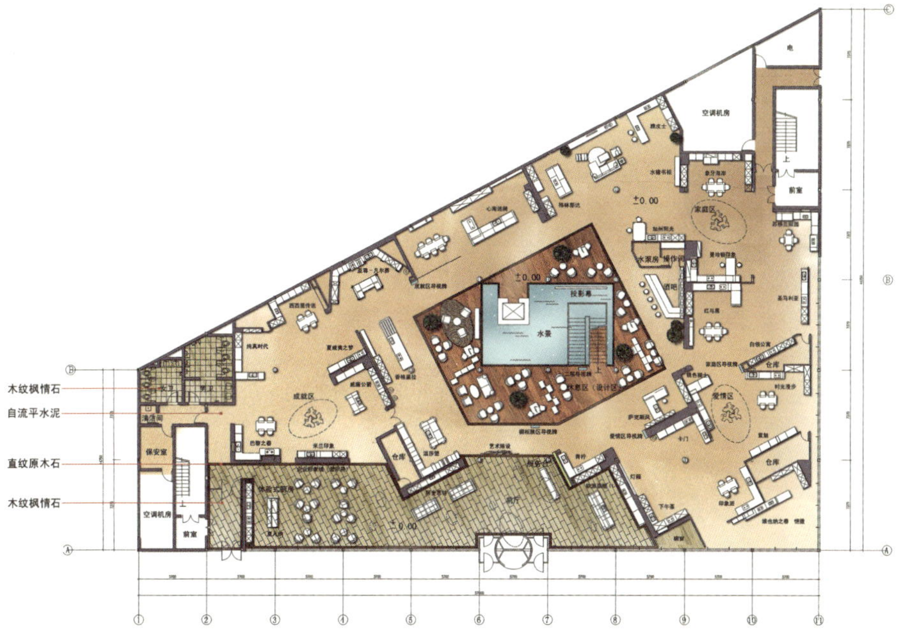

图 2-13

某品牌橱柜旗舰店，前厅空间顶部悬挂有设计精美的不锈钢层叠挂饰，灯光辉映下光色斑斓，亦实亦虚，营造了梦幻般的视觉效果。丰富的景观设计和精心挑选的家具陈设共同打造了一个放松、愉悦的交流空间。

图 2-14

GNIOUS 服饰品牌店。店铺为商场专厅，色调为暗色的灰基调，结合老木方，令空间丰富多变，并带来更多温馨。品牌消费对象定位在追求潮流的年轻人。

图 2-15
空间布局将开放的厨房和活动的会议厅结合，展现了一个不像专卖店的专卖店。选材重视简洁又有肌理，就像上好的纸面画材，等待世界级的作品。这里经常举行高级的酒会和活动，让真正的顶级生活渐入人心。

境设计的风格和价值取向。

③ 商业空间的室内设计总体上应突出商品，激发购物欲望，即商品是“主角”，室内设计和建筑装饰的手法应衬托商品，从某种意义上讲，营业厅的室内环境应是商品的“背景”。

④ 营业厅的照明，在展示商品、烘托环境氛围中起显著作用。厅内的选材用色也均应从突出商品，激发购物欲望这一主题来考虑，良好的空调，特别是通风换气，对改善营业厅的环境极为重要。

⑤ 购物空间，不能给人有拘束感，不要有干预性，要制造出购物者有充分自由挑选商品的空间气氛。在空间处理上要做到“敞”、“畅”，让人看得到、走得到、摸得到。

⑥ 设施、设备完善，符合人体工程学原理，营业厅内应使顾客动线流畅，营业员服务方便，防火分区明确，安全通道及出入口通畅，消防标识规范，有为残疾人设置的无障碍设施。并均符合安全疏散的规范要求。

⑦ 创新意识突出，能展现整体设计中的个性化特点。

从商业空间室内设计的整体质量考虑，美国商店规划设计师协会（ISP）提出了对商店室内设计评价的五项标准，即：

- 商店规划——铺面规划、经营及经济效益分析，客源客流分析等；
- 视觉推销功能——以企业形象系统设计（CIS）、视觉设计（VI）等手段促进商品推销；
- 照明设计——商店所选照明光源、照度、色温、显色指数、灯具造型等；
- 造型艺术——商店整体艺术风格，店面、橱窗、室内各界面、道具、标识等的造型设计；
- 创新意识——整体设计中所具有的创新。

2.4.2 商场空间的室内设计

2.4.2.1 引导与组织

空间的组织是以顾客购买的行为规律和程序为基础展开的，即：吸引—进店—浏览—购物（或休

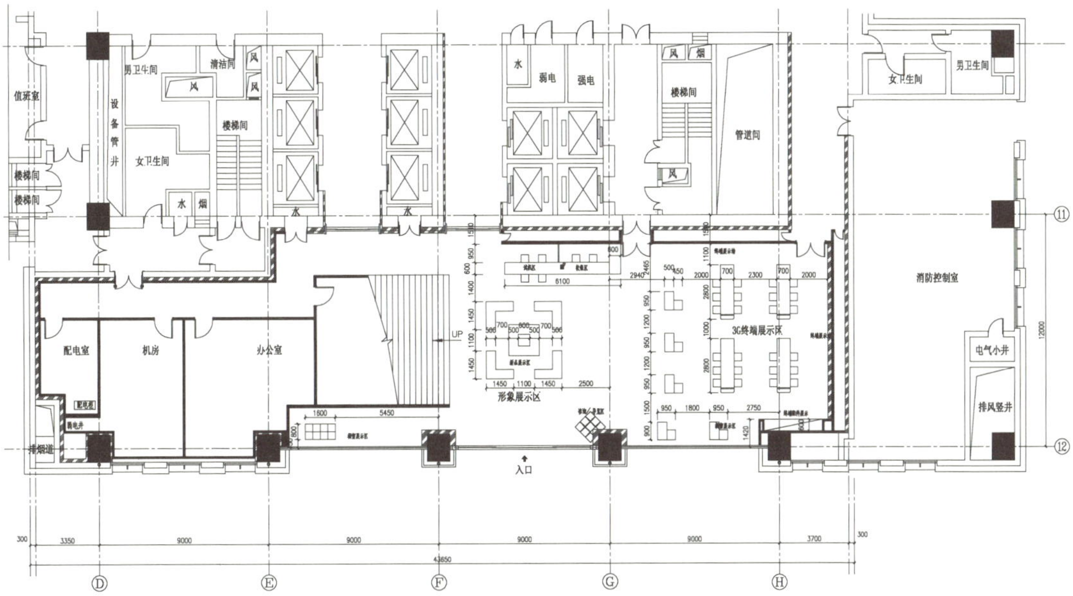

图 2-16
该旗舰店在空间布局上新颖独特、别具一格，并富有个性特点。根据合理、有效利用原有空间的原则，将原有建筑的狭长形空间设计为：一层、错层、二层。按照品牌体现业务属性、营业需要等因素进行区域划分。

闲、餐饮）—浏览—出店。顾客购物的逻辑过程直接影响空间的整个动线（流线）构成关系，而动线的设计又直接反馈于顾客购物行为和消费关系。为了更好地规范顾客的购物行为和消费关系，从动线的进程、停留、曲直、转折、主次等设置视觉引导的功能与形象符号，以此限定空间的展示和营销关系，也是促成商场基本功能得以实现的基础。

按照不同功能将商场室内分成不同的区域，可以避免零乱的感觉，增强空间的条理性。在一个零乱的空间中，顾客会因陈列过多或分区混乱而感到疲劳，造成购买的可能性降低。

一个大型商店可按商品种类进行分区。也有的商店将一个层面分租给不同的公司经营，这一层面自然按不同公司分成不同部分。

商品的分类与分区是空间设计的基础，合理化的布局与搭配可以更好地组织人流，活跃整个空间，增加各种商品售出的可能性。

2.4.2.2　视觉流程

商场视觉空间的流程可分为商品促销前区、

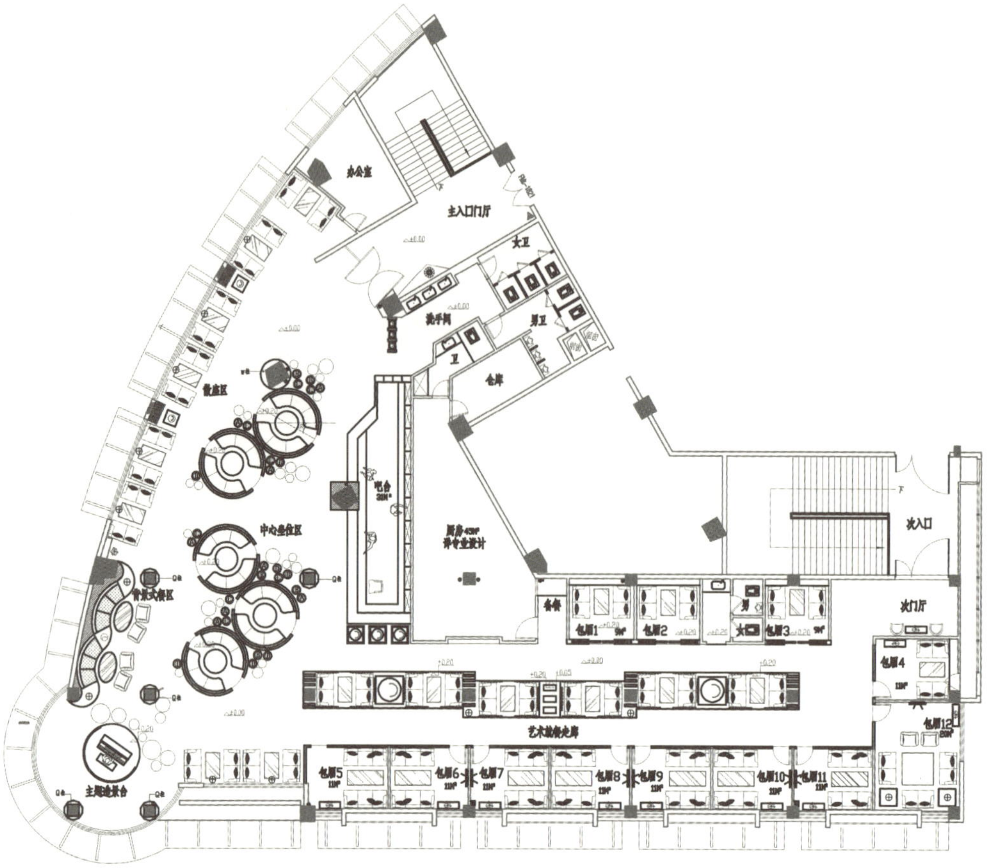

图 2-17
设计师对于空间的区域过渡划分十分巧妙，采用了有趣的隔断手法，飘扬曲线围合及环绕的夜光杯打破空间秩序，也塑造了秩序，增添了空间的时尚感，起起伏伏的节奏犹如悠扬的琴声四处涌动。

展示区、销售区（含多种销售形式）、休息区、饮食区、娱乐区等。由于该类空间基本属于短暂停留场所，其视觉流程的设计应趋向于导向型和流畅型。

人们在进入现代商场环境的时候，存在两种基本购物行为：目的性购物和非目的性购物。有目的性购物者都希望以最快的方式、最便捷的途径到达购物地点，完成购物形式，对此类消费者，在组织商场空间时，在视觉设计上应具有非常明确的导向性，以缩短购物的距离。而且导向型视觉空间，可以诱发非目的性购物者产生临时的购物冲动，系统的导向系列可以帮助无目的购物者做出临时购物决策，在流畅型视觉空间的行动范围中，自然地实现购物行为。欣赏商品或购买商品都具有一定时间性，顾客的行动线路和消费行为均受到内部诸因素的影响，其局部区域的逗留时间都不会太长，这就要求视觉空间流程上予以顾客最快的导向性信息和提示。

与商品销售配套的休息区、饮食区，可以在视觉流程的设定上平和舒缓一些，以减少商品的信息刺激量，给顾客以较充裕的时间调整身心的疲劳，

图 2-18
勃兰登堡国际布艺生活馆饰品展厅。饰品展厅作为整个生活馆的主要组成部分，运用夸张的异形空间形式，成为生活馆的一道靓丽的风景。饰品展示厅是黑白的异形空间，弱化所有的空间体面。在这里，只有展示的陈设品才是最主要的，而同时整个空间本身就是一个大的艺术品。

以增加顾客在商场内的停留时间，加大顾客第二次消费的可能性。

2.4.2.3　陈设与界面

商品的陈设是商场的主要功能之一，做好商品陈设的设计，对于吸引与方便购物行为有很重要的作用。根据商品不同功能上的特性，陈设方式分为地面陈设、高台陈设、柱面陈设、壁面陈设等。在进行商场设计时，应对各种货柜、货架的构成形式予以了解和掌握。

陈设方式的不同带来了售货方式的不同。陈设一般有开敞式和封闭式。开敞式售货指顾客可以随意感受和选择商品，某些商品还专门设计一定区域来展示，如：电视的展示通常设置电视墙来吸引顾客。封闭式的陈设展示适用于珠宝首饰、古玩等贵重物品。一方面起到一定的防盗作用，另一方面营造出高贵、精致、典雅的空间气质。

商场的墙面基本上被货架、展柜等道具遮挡，因此墙面一般只需用乳胶漆等涂料涂刷或施以喷涂处理即可。营业厅中的独立柱面往往在顾客的最佳视觉范围内，因此柱面通常是塑造室内整体风格的基本点，须加以重点装饰。

商场顶棚，除入口、中庭等处结合厅内设计风格可作一定的造型处理外，在商业建筑营业空间的设计整体构思中，应以简洁为宜。大型商场自出入口至垂直交通设施入口处（自动梯、楼梯等）的主通道位置相对较为固定，顶棚在主通道上部的部位，也可在造型、照明等方面作适当呼应处理，使顾客在厅内通行时更具方向感。

现代商业建筑的顶棚，是通风、消防、照明、音响、监视等设施的覆盖面层，因此顶棚的高度、吊顶的造型都和顶棚上部这些设施的布置密切相关，嵌入式灯具、出风口等的位置，都将直接与平顶的连接及吊筋的构造等有关。由于商场有较高的防火要求，顶棚常采用轻钢龙骨、水泥石膏板、矿棉板、金属穿孔板等材料。为便于顶棚上部管线设施的检修与管理，商场顶棚也可采用井格式金属格片的半开敞和裸式的完全开敞式构造。

总之，商场室内环境从陈设到各个界面应有一个明确的视觉传递系统来规范统筹，它对整体感的形成很重要。统一的视觉传递系统使杂乱的商品协调一致。如整体的色彩与整齐划一的标志牌搭配，可把货品的种类、名称、价格以简练的文字与符号醒目地展现在顾客面前。这种简单明了的视觉传递手法，利用信息化的装饰语言，表现了当代人更为实际的生活方式，在节奏越来越快的都市里更加实用可行。

2.4.2.4 形象与立意

随着商业的不断发展，商场空间的设计不再是独立的形象塑造工作，它和企业精神、经营理念、消费者心态、广告战略等紧密地结合在一起。因此，室内环境设计就应包括其企业整体文化内容，并突出表现在环境设计中。

建立商场空间的形象，应从商品的属性、商品的服务对象、商场的位置来思考，以确立基本的设计条件和形象定位。例如，针对青年人用的时尚商品，针对普通家庭使用的普通商品，针对老年人的保健商品，针对儿童使用的儿童商品等。再如，不同的商品销售对象其意象表现是不同的：婴儿—柔和、安详；儿童—活泼、可爱；少年—健康、亮丽；青少年—活力、新潮、青春；青年—个性、优美、热忱；成年—稳重、亲切、智慧；老年—理性、文化、典雅等，各具性格特征。

如何创造商场环境“欲”的主题，涉及空间的处理手法：

① 形态的变异性与内涵性。要表现一种引人投入的空间情态，就要用形象来表述。以“类型学”的做法，就是注意其结构。即结构不变，对非结构部分可以进行各种变化，以达到形象的新奇，引人注意。例如体量变、高度（或宽度）变、色彩变、材料变，也可以对这个形象的一些局部加以夸张、空间与实体颠倒等等。

② 色彩的视觉冲击力。视觉有三要素：形、光、色。光与色总是分不开的。空间的光和色，能引起视觉的注意和集中，并引起对视觉对象的兴趣。室内设计师要结合人的色彩心态，引起人们的注意，通过导向，引起购物欲望。

③ 主题的形象化和隐喻性。商场空间倾向于商业目的，把主题形象化是关键。可是，太直截了当地交代出主题，露多藏少，则缺乏情趣，反而难以打动顾客，这也就是商场空间的艺术问题。主题的表现宜采用暗示、隐喻等含蓄的表现手法。

设计是创造性的工作，一个设计的成败，关键是有否准确的定位和新颖的立意。一个时代有一个时代的思潮和追求，不同的地域又带来不同的文化取向，而商场又是一个大众化的营销场所，它反映时代特征最直接、最快捷、信息量最大。这就要求今天的设计师在立意时需有更加敏锐的洞察力和创新精神，以适应商品经济的发展而带来的商场环境变化。

2.4.2.5 店面与橱窗

（1）**店面设计**

无店不是街。店面既是街景的组成部分，又是商业建筑的脸面，也是商场室内营销环境的重要标识和个性化的招牌。店面设计是以独具特色的造型、色彩、灯光、材质等手段，展示商场的经营性质和功能特点，以准确地诱发人们的浏览和购物意愿为宗旨。

商场的店面设计要求：

① 应从城市或街区环境景观整体出发，树立设计的全局观，并充分考虑地区特色、历史文脉、商业文化方面的规划要求；

② 抓住商场的行业特征和经营特色；

③ 店面与入口往往同处一立面，设计应强调整体统一性并显示入口的标识特征，使入口真正形成内外空间交融与过渡及引导人流的“灰空间”功效；

④ 店面设计与装修应仔细了解建筑结构的构架形式，以利于店面装修的支撑和连接依托，使店面造型具有技术上的保障。

（2）**橱窗设计**

橱窗是艺术和营销的结合体，它的作用是促进店铺的销售，传播品牌文化。因此，促销是橱窗展示的主要目的。为了实现营销目标，陈列师通过对橱窗中服装、模特、道具以及背景广告的组织和摆放，来达到吸引顾客、激发他们的购买欲望，从而达到销售的目的。另一方面，橱窗又承担起传播品牌文化的作用。一个橱窗可以反映一个品牌的个性、风格和对文化的理解，是一个非常好的传播工具。因此，在橱窗的设计思路上也呈现各种不同的风格，有的设计比较强调销售的信息，采用比较直接的营销策略，除了商品的陈列外，还会布置一些 POP 海报，追求立竿见影的效应，让顾客看了以后可以马上进店。而另一种设计比较强调品牌文化的信息，除了商品以外，其他商业的信息比较少，橱窗更多强调艺术的感觉。手法比较间接，格调也比较高雅，追求一种日积月累的宣传效应。顾客看了橱窗后可能今天不一定进去，但会把品牌的概念留在脑中，成为潜在的消费者。

第一种设计思路：效果明显、直白。一般来说适应对价格比较敏感的消费群，以及中低价位的服装品牌，或需要在短时间内达到营销效果的活动。

第二种设计思路：表达比较含蓄，一般来说中高价位的服装品牌采用比较多些，适合针对注重产品风格和文化消费群的品牌。或者为了提升和传播品牌形象的时候采用。

检验橱窗设计是否成功的一个重要指数就是顾客的进店率，但因为两种橱窗的表现手法不同，检验标准也是不同的。第一种是要通过短时间来检验顾客的进店率。第二种顾客进店率则要通过一个较长的时间来综合评定。两个橱窗的设计思路虽然有些不同，但最终的目标还是一样的，就是吸引顾客进店。

橱窗设计的基本原则：

① 考虑顾客的行走视线：虽然橱窗是静止的，但顾客却是在行走和运动的。因此，橱窗的设计不仅要考虑顾客静止的观赏角度和最佳视线高度，还要考虑橱窗自远至近的视觉效果，以及穿过橱窗前的“移步即景”的效果。为了顾客在最远的地方就可以看到橱窗的效果，不仅要在橱窗的创意上做到与众不同，主题要简洁，在夜晚还要能适当地加大橱窗里的灯光亮度，一般橱窗中灯光亮度要比店堂中提高 50%～100%，照度要达到 1200～2500 勒。另外，顾客在街上的行走路线一般是靠右，通过专卖店时，一般是从商店的右侧

图 2-19
华鹤集团一棵一阁木门专卖店店面设计。设计图形出自于专卖店的品牌“一棵一阁”，大树的造型精炼时尚，整体构架新颖独特，清新的风格和柔和温馨颜色让人不禁驻足。

图 2-20
设计理念是创意的、环保的、随意的、舒适的，并打破传统卖场式的理念，以生活情景式为主要出样方式，设置双橱窗，入口门厅橱窗，结合中岛橱窗，使空间层次更加丰富多样。

穿过店面。因此，在设计当中，不仅要考虑顾客正面站在橱窗前的展示效果，也要考虑顾客侧向通过橱窗所看到的效果。

② 橱窗和卖场要形成一个整体：橱窗是卖场的一个部分，在布局上要和卖场的整体陈列风格相吻合，形成一个整体。特别是通透式的橱窗不仅要考虑和整个卖场的风格相协调，更要考虑和橱窗最靠近的几组货架的色彩协调性。

③ 要和卖场中的营销活动相呼应：橱窗告知的是一个大概的商业信息，传递卖场内的销售信息，这种信息的传递应该和店铺中的活动相呼应。

④ 主题要简洁鲜明，风格要突出：要把橱窗放在自己的店铺中考虑，还要把橱窗放大到整条街上去考虑。在整条街道上，橱窗只占小小的一段。顾客在橱窗前停留也就是小小的一段时间。因此，橱窗的主题一定要用最简洁的陈列方式告知顾客所表达的主题。

商场的橱窗可以设置在建筑外墙上，也可以设置在商场内或通道立面墙上。其处理手法有外凸式或内凹式空间变化。有时橱窗又与标志及小品组合一体，相映成辉。橱窗也是商场的点缀之笔，在照明设计时，应考虑足够的明度值，除空间内基本照明外，需设置突出表现重点展品的图局部高强度照明，以使整个空间内主题鲜明、主次有致、层次丰富。橱窗的用材应选择具有耐晒、防潮、抗冻、防火性能的材料，还应注意这些材料的施工工艺性能和施工条件的要求与限制，以保证设计构想的顺利实现。

2.4.2.6 家具与装饰

商场的家具通常以实用性为基本造型特征，但家具总是为某种商品的陈设而存在，同时，空间场地也制约着陈设家具的设计。在家具设计中，人体工程学理论的运用，对人的空间尺度与家具、环境之间的关系有着重要的作用，设计师应该严格推敲、合理定位。

商场家具依照用途可以划分为两大类：一类是实用性家具（陈设物品用）；另一类是装饰观赏性家具（营造气氛用）。

根据家具构造特点又可分为：框架式家具、板式家具（组装式）、折叠家具、组合式家具（多形式组合）等样式。设计师进行商场环境设计时，可根据商品属性和经营策略，合理选用家具，寻求丰富多样的空间家具组织形式。

商场装饰是指能够丰富空间、创造视觉亮点的物品和道具，如绘画、雕塑、绿化、饰物、小品等，它是空间的一部分，应统一设计，统筹考虑，营造出个性鲜明、精致的商场销售效果。例如，空间中设计师大胆引入室外绿化及园林景观，创造一种浑然一体、悠然自得的文化用品陈设环境，产生出符

图 2-21
免税店外立面以钻石为创意，将玻璃立面切割成若干斜面，形成一个不连续的显示屏，随着人与建筑之间角度距离的变化而形成连续或间断的画面，以配合三亚度假型城市和免税品的销售推广。

合商品特性、独具个性的空间氛围，这对加强消费者的购买欲是非常必要的。

2.5　采光与照明

光是人的视觉感知不可缺少的条件。商场的光环境设计包括自然采光和人工照明两部分。自然采光以日光为光源，人工照明以灯具为主要光源。

2.5.1　自然采光

人对自然光有一种亲切感。实验表明，同等照度的光线中，人在自然光下不可辨认的细节更多。很多大型商场建筑采用天窗引入自然光，或整体光照或局部光照，产生出亲切生动的景观效果。商场空间的窗口朝向、位置、形状是创造自然光环境的直接因素。

2.5.2　人工照明

人工照明是诠释商业行为的基本手段。它分为整体照明和局部照明两种方式。

整体照明也称基础照明，是室内全面的、基本的照明，强调水平与垂直并举的空间照明；局部照明也称重点照明，是对主要空间或商品展示陈列进行特别的照明，以增强视觉上的注意力和吸引力。

商场人工照明设计不仅仅是为了满足人们对照度的要求，而且是为了利用不同的光色，不同的照度以及同一空间的明暗对比，使商场环境变得多姿多彩，以增进人们的购物欲望（表 2-3）。

商店照明设计要充分研究消费心理，按商店经营种类、地理环境、建筑式样、陈列方法等不同条件进行设计。商品展示厅的灯光设计要以突出商品为主，把商品的形、色、光、质等正确而恰当地表现出来（表 2-4）。

照明设计除了设置适当的光照度和营造商业特定气氛外，还有导向作用，尤其在大厅的流动通道上方，灯光的导向作用更为明显（表 2-5）。

在营业厅内还可采用吊轨灯配上投影灯、聚光灯，将光线投射到商品上，以灯光来吸引顾客的目光和注意力，使商品突出。

光源的光色也叫色温，对商场空间的气氛影响很大。色温高的灯光不仅使人感到凉爽，而且富有动感；色温低的光线会使人感到温和、温柔，显得稳重、祥和，这种灯光能够突出木料、布料制品和地毯的柔软质感。商场除要求工作面适当的色温外，还要有足够的空间亮度，给顾客一种明亮感和兴奋感，不同商品销售区，要求不同照度，以渲染促销重点商品。

照度：被照面单位面积上接受的光通量，单位为勒［克斯］（lx）。

表 2-3　照明的分类

照明分类	特点
一般照明	为照亮整个场所而设置的均匀照明
分区一般照明	对某一特定区域，如进行工作的地点，设计成不同的照度来照亮该区域的一般照明
局部照明	特定视觉工作的，为照亮某个局部而设置的照明
混合照明	由一般照明与局部照明组成的照明

表 2-4　各年龄层消费者与商业照明的关系

年龄	灯光系统	展示物品及目的
婴儿	丰富柔和的暖色调的漫射照明、点射灯突出照明	精制柔软的棉纺品 / 羊毛制品，优雅的环境
青少年	彩色照明，动态照明，强烈的亮度对比，照明的重要目的是装饰	表现活泼，朝气
20 ~ 40 岁	定向高光照明，色彩丰富，功能照明	运动用品，流行，浪漫
中年人	遮蔽很好的定向照明，加入漫射成分	较古典的艺术，自然
老年人	照度水平高，其他与中年人的要求相仿	自然、安静

表 2-5　商业照明标准

商店类别	系统	灯光特质	功能
普通（大众商品）	单项	高照度基础照明，照度 750 ~ 1500 勒（白光色）中照度基础照明	A B
中级（中级品）	多样	照度 300 ~ 500 勒 + 重点照明（白光色），低照度基础照明，照明度 150 ~ 300 勒 + 重点照明对比	A B C D
高级（高级品）	差异化		A B C D E

注：A. 考虑到顾客以及职员走访的情况　B. 创造视觉效果　C. 吸引顾客进入　D. 吸引顾客对商品的注意　E. 烘托整体的展示效果

$$E=\Phi/A$$

式中：E——被照面上的照度（勒）

Φ——A 面积上接受的光通量（流［明］）

A——接受光通量的面积（平方米）

照度计算：$E_{ave}=F\cdot N\cdot U\cdot M/A$

式中：E_{ave}——工作面上的平均照度（勒）

F——每一盏灯的光通量（流［明］）

N——灯的盏数

U——照明利用率（0 ~ 1），一般室内取 0.5，体育取 0.3（只适合于初步估算照度，具体参数由灯具厂提供）

M——维护率（白炽灯 0.7 ~ 0.9，荧光灯 0.65 ~ 0.75）

A——面积（平方米）

色温与亮度的关系也会影响空间的气氛。若把高色温的光源用于低照度的场所，会使环境空间显得灰暗和阴凉；相反，若把低色温的光源用于高照度的场所，却会使空间感到闷热与不安。

商场内部的照明大致可分为外露光源和隐蔽光源两种。外露光源的灯具一般都以荧光灯为主，并配以各种装饰性的吸顶灯、吊灯、壁灯等。它的亮度比较均匀，有一点眩光，正是这些光斑和眩光对人的激励，加上灯具的造型，能给人明亮华丽的感觉。而隐蔽光源则是以暗藏灯带为主，点光源为辅，并与光檐和发光天棚及内嵌霓虹灯相呼应的照明设计。这种形式的设计能创造出宁静悦目的感觉。

商场的照明为商品提供了一个舞台，与空间及陈设展示共同营造出多样化的、五彩缤纷的购物环境。

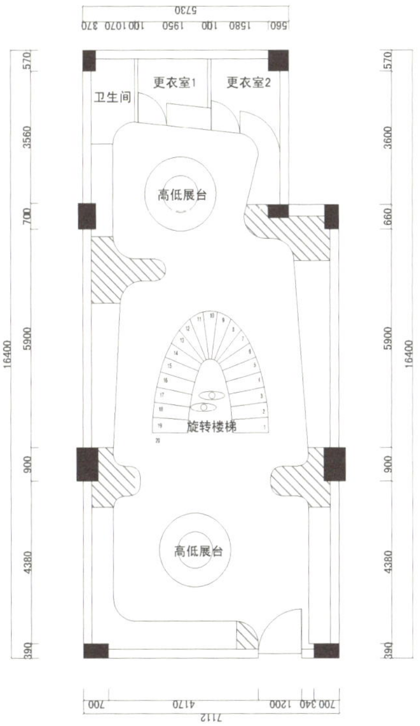

图 2-22

设计的概念是将整个空间视为单一的流畅空间，通过螺旋形楼梯使室内各部分连贯互通，一气呵成。由曲线及圆完美勾勒，给了整个空间流动感及生命感。诱发人们的想像，并刺激顾客进入一探究竟。

图 2-23

饰品展示厅是黑白的异形空间，弱化所有的空间界面。在这里，只有展示的陈设品才是最主要的，而同时整个空间本身就是一个大的艺术品。该项目充分的运用了局部照明，更好的突出了陈设品的华美。

图 2-24

阳光城新界销售中心阳光透过外幕墙彩色贴膜玻璃，形成的彩色光晕映射在白色墙面地面上，空间充满丰富的色彩变化，这正是设计师想表达的富于变化的流动光线。

图 2-25
设计重点是卖场照明，照明与形的关系引出了吊顶渐变的重复藻井，泛光照明使得光线柔和。各层之间既有逻辑关系又相互独立。每个单独藻井的中央都有可调方向射灯，为商品提供照明。设计语言借助了图形学，使整个室内空间有其连续性。

思考题

1. 对商业空间不同的功能区域进行考察、调研，考虑其设计的要点。
2. 根据商业空间不同内容与功能的要求，进行相应的设计。

第3章
办公空间

办公空间室内设计是公共空间室内设计中的重要部分。从 20 世纪 20 年代开始，办公管理就形成了一门专业学科，专门从事研究办公时间、空间、作业流程和效率的问题。进入 21 世纪，以计算机技术、网络技术和信息技术为特征的信息化社会对人类的生活方式和工作方式产生巨大的影响，城市化步伐的不断推进及全球信息化、经济全球化的趋势对办公空间提出了新的设计要求。办公空间正在告别传统的模式，正在实现由物质空间向人性化空间的转变，向高智能化、综合化、生态化、绿色化的趋势发展。“办公环境”对今天的室内设计师而言，也成为一个不可忽视的研究课题。

办公机构是人类社会生活发展到一定程度的产物，是为人们提供商业性或社会性服务的机构。办公空间为人们提供了行政管理以及专业信息咨询等事务处理的室内场所，设计合理舒适的办公室空间对提高工作效率有着重要且直接的作用。它同时也是企事业办公性质、实力和形象的体现，涉及很多的规章、制度、自动化设备和使用者思想，并且不断运转到很多理性的层面，以求在策略、理性的模式中，寻求合乎人性化的办公空间室内设计。

图 3-1
18 世纪末到 19 世纪初欧洲的工业革命，使得社会经济从手工农业经济转向机械工业经济。大规模的机械工业生产带动了能源、交通运输、商业、金融和管理等各方面的发展，越来越多的机构和企业需要建立办公室，以应对处理各种事物和管理性工作。

因此，由于办公空间所特有的功能性，决定一个办公场所的成功与否，除了美学及空间功能的划分外，在空间分配、材料使用、灯光布置、色彩选择、用品配置等各个方面均要满足工作性质的机构业务处理的系统性与效率要求，同时也要符合人类正常的行为习惯，从而创造一个理性、高效且舒适、富于情趣的工作环境（图 3-2）。

3.1　办公空间发展概述

工业革命以来，传统的工作空间设计可以划分为五个时期，每个时期都与社会发展趋势、主流建筑设计、工作空间设计紧密相连。

以美国为例，1900 年之前，早期承重墙结构和内部结构的技术工艺限制了大规模单元式空间的产生，这种早期结构和技术逐渐被框架结构所取代。框架结构和电梯的出现为设计师提供了新的创作天地，设计师从承重墙结构中摆脱转变到大型机构的空间设计上。

1900—1950 年期间，经济的迅猛发展带动了钢筋混凝土的大量使用，结构的发展为房地产开发商提供了更大的发展空间。模数天花板网络系统产生了可以被大型机构所利用的金属板制地面。这是一个以建筑技术为标志的时代，建筑技术为第二次世界大战以后建筑业的蓬勃发展铺平了道路。

1950—1970 年是美国文化稳定发展的时期，在空间的配置上以建筑模数为等级标准，职员和雇员在公司指定的工作区工作，公司开始区别对待员工。

1970—1990 年这段时期是信息技术爆炸的时代，众多公司已经有能力把对建筑物本身的信息和资金投入转移到设施装备上来，反过来也提高工作人员的效率。日益扩张的房地产开发商主宰了这个时代，他们对办公空间的开发充满了兴趣。在此之前，办公大楼的建造是由各公司或公共机构根据其使用功能来决定的。随着对办公空间投资力度的加大，未来的设计着重于风格化、休闲化和个性化的空间环境。

从 1990 年到现在，无线电技术在办公家具的应用越来越多。根据人体工程学设计的可调整座椅和工作台面、单体照明和热环境控制，为特殊性质的作业环境设计的设施，能使员工无论是集体合作还是独立工作，都可以发挥能动性。尤塔·布朗特在《城市办公空间》一书指出："不断更新的信息和通信技术基本上阐明了我们对工作空间的态度。直到现在，办公室结构仍然建立在旧的由理论家弗兰瑞克·泰勒提出的管理概念上，其模式建立在一个雇员就等于一个生产单元的概念基础上，这个模式在后来办公室设计中采用。生产与管理的层次、顺序、后勤变得非常程序化，是一种建立在有序基础上的社会组织模式，有序是一个优点，但最终会导致工作空间的非人性化、模式化。"我们现在的条件和工作空间的高效性让我们抛弃这种僵硬的模式。使工作空间具备高效性、可视性和流通性。今天，设计取得的成就使社会与技术同步发展成为可能。

图 3-2

办公空间的中庭置于水景之上，鸟笼、树池点缀其中，映射了运河水文化的同时，使得整体空间更为静谧与灵动，小有一番"鸟鸣林逾静"的意境。

3.2　办公空间基本特征

历史发展到今天，任何一间办公机构的设立均是社会需求的结果。人类通过各种交换形式获取自身在物质以及精神方面的需求，同时相对平等地满足他人的要求。办公机构的设立就是为社会整体交换提供了一个信息供求与管理的操作平台，使交换更加公平、快速，从而创造更多的商业与社会价值。因此，办公空间的本质就是为人们提供一个通过劳动进行信息处理、交换，从而创造价值的群体工作场所。业主所要达到的经济效益与工作空间的链接需要一个全新的、广泛的定义，不只局限于形式与功能的定义，还包括对社会道德、标志形象、管理制度、经济目标的定义。

3.2.1　交流性

随着社会的不断发展，现代办公机构的性能已从传统意义上信息的处理、存储空间转化成为更加注重信息的交换、分享的场所。在现代社会中，工作不仅是人们创造财富的手段，也成为人们更新知识、与人交流的媒介。科学技术的发展为办公机构提供了更快捷、简便的信息处理与交换的工具，为信息的搜集与分享提供了更多的选择渠道，但与此同时，机构内部的重要情报也更容易被外界或竞争者获取。因而，现代办公空间的规划与设计要注重对内、对外的不同程度的私密性与开放性的结合，既要保证对外信息的有效传递，还要防止机密情报的外泄，同时，保持内部知识的自由交流与分享。

3.2.2　社会性

办公机构的基本作用是将人们所需的物质或

精神上的供求按照性质、功能的不同进行分门别类的处理，以方便同一行业内事务和知识的管理与咨询。当今，发达的信息交流系统和信息处理工具更为室内环境下的事务处理提供了更为独立的可能性。但与此同时，社会财富与价值的创造已不是个人劳动所能够完成的工作，详尽的社会分工使得个体劳动更加需要通过团队性的整合才能显现其意义，各种行业、部门的从业人员只有分工合作、统一管理才能将社会信息进行相对完整而有价值的集中、分析与交流。因而，现代办公机构的工作是团队性的，办公空间亦是群体性价值创造的场所。

3.2.3 能动性

室内环境下的办公工作以如何高效率的提供服务、创造价值为主要目的，其空间规划与设计也应该是从如何能够快速地传递信息、完成专业咨询服务出发。传统的办公室是以静态的书面工作为主，人们在部门主管的监督之下坐在固定的位置，以便于行政上的管理与操作。而现代办公环境更注重工作质量，尤其是在某些专业咨询性服务机构或者是以创意为主要业务的信息提供机构，人们的工作状态更倾向于员工之间的动态交往，办公环境的规划也不再固定于同一种模式之下，人们的工作地点也可随着团队化与更具个性的工作方式之间的不断转换而流动于办公室内、外空间的任何角落，同时，先进的高科技办公系统使得流动的员工可以随时随地得到相应的技术支持与管理上的服务。因此，现代办公环境的规划与设计在机构基本部门的空间框架相对固定的基础上，更注重动态的信息交流，力求打造一个更宽松自由的工作环境，以使员工在更放松的状态下充分发挥其主观能动性与集体工作精神，创造更多的商业与社会价值。

3.2.4 信息化

信息科学技术发展、电脑的出现使办公行为超越了时空的界限，缩短了两地的距离，使人们更快捷地获取信息，完成各项工作。信息科学技术革命推动了经济的发展，迅速改变着社会的面貌，它对办公方式的影响是深刻的。它不仅给现代办公带来了效率，更重要的是其改变了办公工作方式和办公组织机构，从而影响到办公空间的布置和设计。

3.2.5 生态化

对自然环境的需求是人类最本能的需求之一。人类虽然已经适应了自己创造的人工环境，但是在心理上仍然保留了渴望与自然接近的习惯，在生理上更是要依赖于自然来维持人类自身的生命循环。人们渴求一个与自然生态环境相和谐的办公空间，在室内设计领域的“绿色革命”便是人们这种渴望自然的写照。

人的生理上的新陈代谢、能量补充、能量转换、生长激素、生物钟运动、营养摄取等都依靠与自然保持生态平衡来完成；而在精神生活方面，人的心态、情境、情操和情感，以及疲劳机制与恢复也都依靠自然来调节与熏陶。外部世界的自然景色对人类有不可估量的价值。将空气、阳光、水、绿色植物等自然因素引入到工作场所中可以增添情趣和消除疲劳，并能激发人们自身的活力（图 3-3）。

在趋于开敞式的大空间办公环境中，追求一种办公性质由事务性向创造性氛围的转化发展，重视作为办公行为主体的人在提高办公效率中的主导作用和积极意义，这就促使景观办公环境的应运而生。它体现在用设计的手段或借助造景的形式让空间有序的布局和工作流畅协调。强调工作人员与组团成员之间的紧密联系与沟通方便，它具有在大空间中形成相对独立的小空间景园和休闲气氛的特点，宜于创造感情和谐的人际和工作关系。在环境设计上它常常采用家具、绿化小品和形象塑造等对办公空间进行灵活隔断，且家具、隔断均选用模数化、标准化的产品，具有灵活拼接、组装变化的可能和余地，以体现出一种相对集中“有组织的自由”的管理模式和“田园氛围”，充分发挥员工的积极性和创造能力，在富有生气和“个性思维”的环境中体验个人的价值、

图 3-3
该项目位于企业工厂的顶层，是该公司董事会成员办公、接待的场所，总面积约 2500 平方米，共有办公单元 8 间，其余是会议、接待、休闲等空间。在空间和水面的组织上汲取中国园林的手法，以水为导向展开空间和视线。

提高工作效率。

景观办公空间的实现需要通过在顶棚或地板下的电气管道系统自如地给工作位置提供电气设备、电话插座，并且大空间的敞开方式亦需要协调好照明、空调、噪声控制等技术问题，从而创造一个具有较好的物理环境和心理环境的办公环境。

3.2.6　智能化

智能办公空间是传统的办公空间与信息科学技术密切结合的产物。智能型办公环境是现代社会、现代企事业单位共同追求的目标，也是办公空间设计的发展方向。现代智能型办公环境具有三个基本条件和特征：

（1）具有先进完备的通信系统

即有数字专用交换机及内外通信系统，安全快捷地提供方便的通信服务，先进的通信网络是智能型办公场所的神经系统。能全面完成语音、数据、图像的传输、交换及服务。

（2）具有办公自动化系统（OA）

即与自动化理念相结合的“OA 办公家具”。其组成内容含多功能电话、一台工作站或终端个人电脑等，通过无纸化、自动化的交换技术和电脑网络促成各项工作及业务的开展与运行。能使在不同工作点上办公的员工不离开工作位置而召开会议。OA 的秘书工作则借助电脑终端、多功能电话、电子对讲系统来展开工作。

（3）具有建筑自动化管理系统

主要包括电气、空调、电、卫生及能源等管理系统；防灾、防盗等功能的安全系统。

（4）具有高质量的办公空间环境

建立“以人为本”的设计理念，充分体现对人的关怀，依托高效率的工作设备，使办公空间室内环境具有舒适性和灵活性。

3.2.7　多元化

信息科学技术的革命，电脑网络几乎覆盖整个人类活动的范围，它使办公模式呈多元化的趋势发展，出现了许多新的类型。

新的办公模式主要有 SOHO 型（SOHO 即 SMALL OFFICE&HOME OFFICE）办公方式：即在家里办公。在家中办公，工作时间呈弹性状态，办公空间与家居空间合二为一，节省了建筑空间，减少了城市的交通拥挤，节约了用于交通往返的时间及办公的费用和成本，实现“移动办公”、“远程办公”。同时，工作时一般较少被其他人的干扰，进而提高了工作效率。目前在家办公的人士多为作家、广告策划者、编辑、会计师、建筑师、其他设计师、咨询顾问以及个体工商者等。

3.3　办公空间室内设计基础

3.3.1　办公空间的分类

办公环境是现代办公空间室内设计的核心内容，对办公空间分类的研究，是如何组织好办公行为和方式及提高办公效率的前提，是做好一个办公空间室内设计的基础。

（1）按使用性质分类

行政管理性办公机构 主要是指以国家机关、企业、事业单位的行政职能部门，或者是以事务管理为主要业务的服务性私人机构。如律师事务所、旅行社、信息咨询公司等。行政管理办公机构的办公业态以文案处理为主，各部门以及上下级之间的工作分工明确，讲求系统、快速、高效。

专业咨询性办公机构 主要是指能够提供专项业务服务和咨询的机构办公部门，如传统上的音乐制作、舞蹈团体、电影机构、广告公司以及各种美术设计工作室，还有科研、金融、贸易等专业场所等。专业咨询机构以推销其创造性思维意向为主，其办公业态大多以交流、创造、制作为主体，除了普通的行政事务，各职能部门的工作多数呈平行关系，是同一流程的不同环节，通过各部门的密切合作，最终完成任务。

综合性办公机构 主要是指较大型的公共服务机构，如银行、商业、保险、地产、餐饮、娱乐等机构的主体行政与后勤部分。整体而言，综合服务机构既有对外宣传、联络部门，又有内部行政管理、业务开发等部门，各部门之间既穿插上下级的等级关系，也运行流水线般的工作程序；而各个部门内部的工作业态则如同独立的行政管理或专业性办公机构一样，按照其工作性质讲求团队与个体、等级与系统性的协作。

（2）按其功能性质及工作的顺序规律分类

一是为内外交往或内部人员会议、展示等空间，如会客、接待场所，各类会议室、阅览室、陈列室等；

二是根据管理体制、结构特点设置的办公、休息区，如经理室、主管室、财务室、绘图室、业务部、休闲室等办公用房；

三是为办公空间提供资料信息处理的用房区，如资料室、档案室、电脑室等服务用房；

四是为办公人员提供生活及后勤保障的用房，如库房、卫生间、配电机房、员工餐厅等辅助用房。

这些不同的区域之间又相互渗透、相互联系，构成一个办公序列化的运转整体。

办公机构的不同性质与功能决定了不同机构的空间规模和人员数量。一般来讲，行政管理性办公机构的规模比专业性机构要大，特别是政府机构，其职能部门涵盖包括公共服务的各个方面，服务对象也包括了不同年龄、身份、背景的社会各个阶层人士，因此，其工作人员的数量庞大，所用空间亦常常占据了整个独立的建筑。同一功能性质的办公机构则依据其业务范围和工作状态来决定其所需空间尺度以及人员分配。比如，同是综合性办公机构，但银行与保险有不同的业态需求。银行从业人员的工作场所是固定的，每个人都会有指定的办公位置，所以各部门所占空间可完全按照人员数量来安排；而普通保险从业员的工作岗位通常是流动的，一般不需要在机构中设立其固定的办公家具，其机构内部的空间分配需主要考虑日常行政管理人员的要求即可。

3.3.2 办公空间的功能分析

无论其业务范围、性质功能、规模、人员组成如何，一间办公机构均是由各个职能部门各司其职同时又互相配合而进行运作的。通常，办公空间按照职能可划分为主体业务空间、公共活动空间、配套服务空间以及附属设备空间等。各种职能部门由于其作用的大小在办公总体空间所占的比重各有不同，同时，各种功能作用的空间在安全、使用方面又有一定的科学范围要求，因此，合理地协调各个部门、各种职能的空间分配成为进行办公环境设计的主要内容。

（1）主体工作空间

主体工作空间可按照人员的职位等级划分为大小独立单间、公用开放式办公室等不同面积和私密状况的分割状态。单间办公室或者是在开放式区域较为独立、封闭的工作空间，一般适合部门主管或者会计师、律师等处理较为机密性文件的人员，其空间注重工作的个人自律，而且工作的互动较少。

开放式办公空间则是在同一空间之内利用家

具将工作的单元空间进行集合化排列，比较适合用于银行、行政等较为注重流水性或重复性事务处理的部门，同时也可用于设计、研发等互动性较强的团队性工作机构，开放式环境有利于员工之间保持良好的沟通、交流状态，但由于每个人的工作都处于公众视线之内，工作的自律性较小，也会降低个人的能动性和积极性的发挥，所以，开放式办公空间中家具、间隔的布置，既需要考虑个人的私密性和领域要求，又要注意人员之间交往的合理距离。

各个业务职能部门由于工作性质、人员组成各有不同,对于部门总体的空间尺度安排也有所差异。而且，在同一部门中，工作人员的专业设备、文件储存以及来访客人的数量、级别也不尽相同。因此，主体工作空间划分的单元数量、尺度均要根据各部门机构的个性工作需求而定，以便于员工发挥其个体能动性，同时也方便团体工作的互相配合、协调。

一般而言，办公状态下普通级别的文案处理人员的标准人均使用面积为 3.5 平方米，高级行政主管的标准使用面积至少 6.5 平方米，专业设计绘图人员则需要 5.0 平方米。

（2）**公共使用空间**

公共使用空间是指用于办公楼内聚会、接待、会议等活动需求的空间。一般有小、中、大接待室，小、中、大会议室，各类大小不同的展示厅、资料阅览室、多功能厅和报告厅等。

在任何室内环境中，公共空间均是人们正常活动、交流、沟通的必备场所。从广义上讲，凡个人身体所占范围之外的所有环境空间均可称为机构的公共空间。若仅与主体工作空间相对而言，办公环境下的公共空间则指在从工作角度所触及的所有人员可共同使用的空间，包括对外交流以及内部人员使用两大部分：对外交流的空间是指机构的外来人员所接触的空间范围，包括前台接待、电梯间、会客室以及能够展现机构专业性质、服务范围和企业文化的展示区域等；机构内部人员使用的公共空间则包括内部走廊、会议、资料阅览、复印等不同服务功能的实用区域。

办公机构的对外交流空间是一间办事机构的“门面”，是使外部人员了解其业务范围和能力的最直接的媒介，很多外来人员是通过与一间机构的空间环境以及办事人员的接触而对其留有最初级的印象。前台接待处作为内、外部人员进出机构的必经之地，它不仅是整体空间的交通枢纽，也是内外联络的集散之地——咨询、收发、监管等均为前台的服务内容。不同机构会就其空间的大小进行会客、会议、展示等区域的分配，但总体而言，这些区域通常会设置于前台接待区附近，便于接待人员随时进行内外联络，以提供咨询与服务。有些机构则利用简单必要的家具组合形成综合性外部服务区域，将接待、会客、展示等各种对外功能集中于一体，既节省空间，又节约服务的人力。

会议空间是现代办公机构必不可少的公共功能之一，是机构谈判、决策、交流的正式中心。会议空间可按照使用对象分布在对外、对内、高层、部门内部等不同的空间位置，也可按照使用人数分为大、小等不同尺度，还可按照机密程度设计成封闭式或开放式等不同的空间状态。不同的使用方式和功能状态的会议空间其设施配备与安排位置均有差异。用于商业谈判的会议室通常宽敞气派，且规整严肃，座位间距安排较远；机构内部讨论式会议空间则温馨随意，座位间距较近。无论大小、使用对象、功能状态如何，常规以会议桌为核心的会议室人均额定面积为 0.8 平方米，无会议桌或者课堂式座位排列的会议空间中人均所占面积应为 1.8 平方米，这样才可保持在公共环境中个人心理和生理领域的不受侵害。

机构内部人员使用的公共空间主要包括为办公工作提供方便和服务的辅助性功能空间，不同性质、规模的机构所需的辅助功能空间也不同。在创意性或知识密集型机构，如法律、设计事务所等，资料储存和阅览空间为必备区域，但普通行政事务机构却不一定设置此功能空间；某些机构会设立专门的复印、打印机房，有些机构则随工作需要将机器安置于各个部门的公共区域。因此，内部使用的公共空间是因需而设，其位置亦是视需而定，空间尺度范围只要符合人体工程学使人们能够自如活动即可。

（3）配套服务空间

配套服务空间是指为主要办公空间提供信息、资料的收集、整理存放需求的空间以及为员工提供生活、卫生服务和后勤管理的空间。通常有资料室、档案室、文印室、电脑机房、晒图房、员工餐厅、开水间以及卫生间、后勤、管理办公室等。

为保证工作人员正常工作的顺利进行，一般大型综合性办公机构内部会配备安全、信息提供、卫生管理等后勤服务空间，包括门卫、员工休息室、餐厅或茶水间、卫生间等。

随着社会的发展，办公机构越来越注重企业内部的文化形象。为了使员工有更强烈的企业归属感，在后勤配套服务工作中提供休闲、娱乐、卫生、保健等项目，以保证员工工作、休息、娱乐的相互协调，以使工作人员在此环境下工作更专心、更高效，从而为企业创造更多的效益。

（4）附属设施空间

附属设施空间是指保证办公大楼正常运行的附属空间。通常为配电室、中央控制室、水泵房、空调机房、电梯机房、锅炉房等。附属设施主要指保证办公环境正常运作的能源供应设施与设备，如电话交换机、变配电箱、空调等。根据设备的大小规模、功能及其服务区域，附属设备用房的尺度、安置位置均会有所不同，通常，大型或危险系数较高的附属设备会远离公共办公区域，小型的设备则可就近安排在负责保管维修部门之中。例如，在大型办公建筑中通常会有独立而统一的变配电用房；而在小型的办公机构中，配电箱常常被安装在接待台或员工休息室的橱柜之中。

总体来讲，办公机构的功能分配是为了满足人们在工作时间内的各种需求，从而创造一个更有效率的工作环境。为此，各个办公机构的功能空间的布局会因机构的业务性质、人员数量而有所不同，有些机构会按照接待、会客、会议、业务工作、茶水、休息、卫生间等前后顺序来进行整体空间的安排，将主体工作部门安置于空间中心，服务性公共空间安排在角落或后部，这种空间的安排方式使空间整体顺序由对外开放性逐渐转化为内部私密性，越深入空间内部，私密性越强；而有些办公机构则会将复印、茶水、休息、卫生间等后勤服务性空间安排在中心位置，展示、会议室以及各部门工作空间均围绕此中心呈放射状或两侧分布，以便各个职能部门的工作不受外部环境的干扰，并且能够享受均等的后勤服务距离（图 3-4）。

3.3.3 办公空间的室内设计空间类型

（1）开敞式办公空间

开敞式办公空间亦称开放式办公室。19 世纪末的工业革命，生产集中，企业规模增大，经营管理上也要求办公各部门与组团人员之间紧密联系，并且进一步要求加快联系速度和提高效率。由于传统封闭式小单间办公室较难适应上述要求，由此形成了以开敞式大空间为主的办公室，结合高层主管使用少量小单间的布置形式。目前，这种布置形式的办公空间已广泛使用于各企事业单位，有些政府办公环境也采用此形式。它突出地体现了沟通、高效与私密、层次相结合、相交融的现代办公环境理念（图 3-5 ～图 3-8）。

开敞式大空间办公室有利于办公人员、办公组团之间的联系，提高了办公设施、设备的利用率，相对于间隔式的小单间办公室而言，大空间办公室减少了公共交通和结构面积，缩小了人均办公面积，从而提高了办公建筑主要使用功能的面积率。但是大空间办公室，特别是早年环境设施不完善的时期，室内嘈杂、混乱、相互干扰较大，近年来随着空调、隔声、吸声以及办公家具、隔断等设施设备的发展与优化，开敞式大空间办公室的室内环境质量也有了很大提高。

为保证室内具有一个稳定的噪声水平，大空间办公室内不应少于 80 人。通常大空间办公室的进深可在 10 米左右，面积以不小于 400 平方米为宜。在开敞式大空间办公室设计上，应体现方便、舒适、亲情、明快、简洁的特点，门厅入口应有企业形象的符号、展墙及有接待功能的设施，高层管理小型

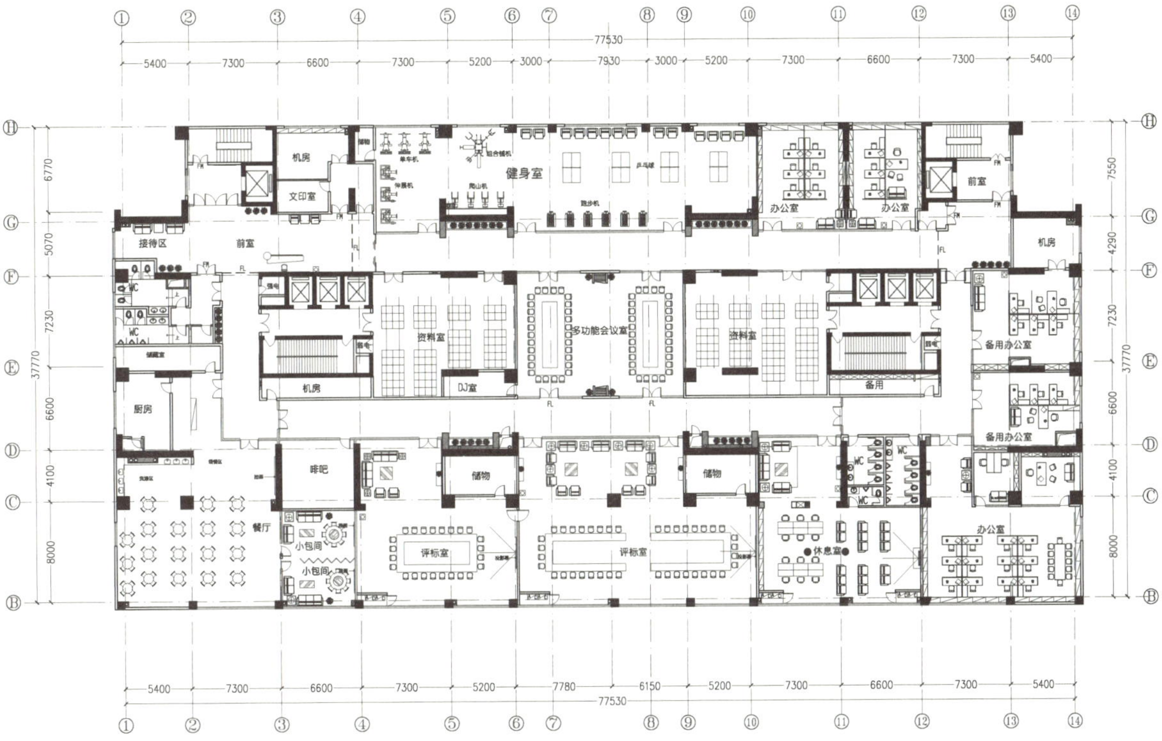

图 3-4
平面呈“回”字型布局，建筑面积约 3000 平方米，设有接待厅、餐厅、办公室、会议室及其他办公配套空间。平面布局外围是办公室；中央部分是会议室，这样布局既可以满足办公室自然采光及通风的要求，又可以较好地处理会议室的隔音问题。家具平面摆布强调理性、简约，留有发展空间。这样有利于智能化综合布线，可满足企业发展后对办公空间新的要求。

办公室设计则应追求领域性、稳定性、文化性和实力感。一般情况下紧连高层管理办公室的使用空间是秘书、财务、下层主管等核心部门。

（2）单元型办公空间

单元型办公空间指在写字楼出租某层或某一部分作为单位的办公室。在写字楼中设有晒图、文印、资料展示、餐厅、商店等服务用房供公共使用。单元型办公室应具有相对独立的办公功能和行业特点。通常单元型办公室内部空间分隔为接待会客、办公（包括高级管理人员的办公）、展示等空间。根据功能需要和建筑设施的可能性，单元型办公室还可设置会议、盥洗卫生等用房。由于单元型办公室既能充分运用大楼各项公共服务设施，又具有相对独立、分隔开的办公功能。因此，单元型办公室常是商贸办事处、设计公司、律师事务所和驻外机构办公用房的最佳选择。近年来兴建的高层、出租

图 3-5
设计工作室将再利用和可持续性原则完美地结合在一起。建筑最显著的特征就是原来的钢柱和桁架结构，展露出来的结构和明亮的窗户加强了建筑巨大的体量，使建筑沐浴在阳光之中。项目中尽量减少新材料的使用，室内设计主要围绕下列方面进行：重新制定开敞的平面布置图、集中服务设施和会议室，在同一层中建立开敞流畅的工作站。设计师对员工的工作方式进行分析和调查，以确保新的工作室能够为员工提供舒适的工作环境。

图 3-6

这是一所私立设计学院的学生工作室，整个空间开放有序，蓝色玻璃的封闭工作间仿佛水晶盒吊在空中，不同坐姿的工作区域构成了不同的工作学习形态，令学生能够沉浸享受这一过程。

图 3-7

这个办公室项目是为一位商业中心开发商设计的。最初的设计理念是创造非常实用和现代的总部。设计的目的是通过建筑语言和建筑风格，打造一个完全不同于传统或学院派的建筑。混合大理石和木头等自然材料，与形成鲜明对照的彩色玻璃、不锈钢和铁，营造出一种颜色与质地平衡，现代和温馨相结合的氛围。

图 3-8

西海岸儿童乐园公司总部：模式化的元素不仅让孩子享受积木的娱乐性，也唤起了员工为儿童乐园创造产品的重任。空间里插入精巧的建筑物体可以保持现有建筑的历史完整性。建筑的两个主要部分是两个会议室。第一个被誉为块状会议室是由泡沫板组成。如果作为 200 人的会议室，这些泡沫被拆装成椅子使用。而多数时间，这些泡沫板垂直堆放，使之仅成为 20 人的会议室。砖墙的颜色由红色、橙色、黄色和赭色调和而成。这种色调也被用在模式化壁橱系统，贯穿了整个建筑。第二个会议室的建筑模式是蜂窝型，它位于建筑的中央位置。最初是作为迪士尼样品展示中心，后来逐渐成为展示的中心，大约 500 个宽 24、深 17 的蜂窝结构单元组成，并由塑料接合而成，使之颇为引人注目。

办公楼的内部空间设计与布局，单元型办公室占有相当大的比例，它灵活实用，很受市场欢迎。

（3）**公寓型办公空间**

公寓型办公空间也称商住楼。公寓型办公室的主要特点是该组办公用房同时具有类似住宅、公寓的盥洗、就寝、用餐等使用功能。它所配置的使用空间除与单元型办公室类似，既具有接待会客、办公（有时也有会议室）、展示等空间外，还有卧室、厨房、盥洗等居住必要的使用空间。

公寓型办公室提供白天办公、用餐，晚上就寝的双重功能，给需要为办公人员提供居住功能的单位或企业带来方便。城市里一般的大型宾馆、酒店都设有商住楼，它深受驻外机构和外资企业的欢迎。

（4）**会议空间**

会议室是办公功能环境的组成部分，它兼有接待、交流、洽谈及会晤的用途（图 3-9）。其设计应根据已有空间的大小、尺度关系和使用容量等来确定。人们使用会议家具时近旁必要的活动空间和交往通行的尺度，应根据人体工程学计测原理与具体使用要求来决定。这是会议室室内设计的基础。

会议的空间设计，布局上应有主位、次位之分，常采用企业形象墙或重点装饰来体现坐次的排列。会议空间的整体构想要突出体现“主人”的文化层次和精神理念。空间塑造上以追求亲切、明快、自然、和谐的心理感受为重点。空间技术上要求多选用防火、吸音、隔音的装饰材料。另外，灯具的设置应与会议桌椅布局相呼应，照度要合理并结合一定比例的自然光照明，这是会议空间的必需。

（5）**经理办公空间**

经理是单位高层管理的统称，它是办公行为的总管和统率，而经理办公室则是经理处理日常事务、会见下属、接待来宾和交流的重要场所，应布置在办公环境中相对私密、少受干扰的尽端位置。家具一般配置有专用的经理办公桌、办公座椅、设备、书柜、资料柜、接待椅或沙发等必备设施。条件优良的还可配置卫生间、午休间等辅助用房。在经理办公室外紧连的应是秘书办公间或小型会计室。根据办公行为流程规律，一般企业的核心部门均紧靠经理办公区域，如财务室、主管室等。经理办公室室内设计所确定的风格，选用的色调和材料，施工制作的优劣，即室内整体的风度品位，也能从一个侧面较为集中地反映机构或企业的形象和主人的修养。因此，经理室的设计在整个办公空间中应是重中之重。其创意定位和设计基本要求是：首先，应确立所属企业的特点和经理的个性特征，如有无特殊追求和爱好，整体造型上应体现简洁高雅、明快庄重和一定的文化品位；其次，材质选用可较其他办公空间用材高档、精致，装饰处理流畅、含蓄、轻快，以创造出一个既富个性又具内在魅力的温馨办公场所。

（6）其他办公空间

办公空间的设置与构成，因单位性质的不同而

图 3-9
弗吉尼亚州 Vcu Adcenter 是北美非常著名的媒体、广告和交流的学校，这是其中的会议室之一，一个多功能且可以灵活改变的可容纳 50 人的会议室。

有所区别。如建筑设计事务所，它的办公空间的组成有模型室、电脑室、资料室、展示室、设计总监办公室、设计室、文印室等；而行政管理办公环境则由财务部门、人事部门、组织部门、行政秘书部门、总务部门、各级科室管理部门等构成；生产性质的办公环境功能空间组成有：经营部门、安全部门、生产计划部门、公关部门、质检部门、微机室、材料供应部、产品展示室等。在设计时应根据具体单位的性质和其他所需，给予相应的功能空间设置及设计构想定位。这直接关系设计思路是否正确、价值取向是否合理等根本问题。在满足设计原则的基础上，对于办公空间的塑造，设计师应把握住该类办公性质所形成的空间内在秩序、风格趋向和样式的一致性与形象的流畅性，以创造一个既具共性特征又具个性品质的办公空间环境。

3.4　办公空间室内设计

3.4.1　总体设计要求

一个经过整合的人性化办公室，所要具备的条件不外乎是自动化设备、办公家具、环境、技术、信息和人性等 6 项，这 6 项要素齐全之后才能塑造出一个很好的办公空间（图 3-10）。

- 尽量在办公空间内实现节能设计，通过一切技术手段减少办公空间对自然资源和能源的消耗，减少对自然的伤害，注重使用绿色材料，保障员工的健康和提高员工的劳动生产率，为广大员工提供良好的工作环境，体现可持续高效发展的原则：
- 室内办公、公共、服务及附属设施等各类用房之间的面积分配比例，房间的大小及数量，均应根据办公楼的使用性质、建筑规模和相应标准来确定。室内布局既应从现实需要出发，又应适当考虑功能、设施等发展变化后进行调整的可能。
- 办公空间各类房间所在位置及层次，应将对外联系较为密切的部分，布置在出入口或近出入口的主通道处，如把收发传达设置于出入口处，接待、会客以及一些具有对外性质的会议室和多功能厅设置于出入口的主通道处，人数多的厅室还应注意安全疏散通道的组织。

图 3-10
为了让整个办公楼可以共享一个畅快呼吸的自然空间，设计师希望这个中庭为在这个办公室的人们带来一个四季的准户外环境，共享一个形态丰富的中庭空间资源。通过这个丰富、宜人的公共场所，企业形象在此得到充分的体现，企业员工及管理者得到平等透明有效的沟通。

- 综合型办公室不同功能的联系与分隔应在平面布局和分层设置时予以考虑，当办公与商场、餐饮、娱乐等组合在一起时，应把不同功能的出入口尽可能单独设置，以免干扰。
- 办公室平面布置应考虑家具、设备尺寸，办公人员使用家具、设备时必要的活动空间尺度，各工作位置，应依据功能要求的排列组合方式以及房间出入口至工作位置、各工作位置间交通过道的设计安排等确定。
- 办公室平面工作位置的设置，按功能需要可整间统一安排，也可组团分区布置（通常 5 ～ 7 人为一组团或根据实际需要安排），各工作位置之间、组团内部及组团之间既要联系方便，又要尽可能避免过多的穿插，减少人员走动时干扰办公工作。
- 根据办公楼等级标准的高低，办公室内人员常用的面积定额为 3.5 ～ 6.5 平方米 / 人，据上述定额可以在已有办公室内确定工作位置的数量（不包括过道面积）。
- 从节能和有利于心理感受考虑，办公室应具有天然采光，采光系数窗地面积比应不小于 1 ∶ 6（侧窗洞口面积与室内地面面积比）。
- 从室内每人所需的空气容积及办公人员在室内的空间感受考虑，办公室净高一般不低于 2.6 米，设置空调时也不应低于 2.4 米。
- 从安全疏散和有利于通行考虑，带形走道远端房间门至楼梯口的距离不应大于 22 米，且走道过长时应设采光口，单侧设房间的走道净宽应大于 1.30 米，双侧设房间时走道净宽应大于 1.60 米，走道净高不得低于 2.10 米。

3.4.2 办公室内环境设计的要点

办公室室内设计旨在创造一个良好的办公室内环境。一个成功的办公室室内设计，需要在室内划分、平面布置界面处理、采光及照明、色彩的选择、氛围的营造等方面做通盘的考虑。同时还要考虑不同国家、民族的文化、风俗、传统的影响而呈现出不同的设计取向。同样的一个办公室在实际使用中，会产生不同的结果。例如：日本人对办公环境中影响人体的照明、温度、湿度和通风很重视，而美国人则重视噪声；日本人认为决定工作效率的因素是工作程序的合理，而美国人则认为人际关系很重要；日本人多数喜欢分部门和开敞的工作空间，而美国人多数则更喜欢个人办公室；在绿化方面，两国人员都表示喜欢，但原因不同，美国人喜欢的原因是便于合作共事，而日本人选择的理由恰恰相反，是为了便于个人工作；在办公桌等布置上，日本人都选用“面对面”的布置，而美国人则更愿回避“面对面”等等。这些都是环境设计的重要因素，不可忽视。

（1）**合理分层分区**

为满足办公空间的使用要求，应按照企业内部的办公模式合理分层和分区，使对内对外都有合理的关系。通过研究建筑平面布局和企业文化，分析企业组织结构和办公模式，综合各种关联因素总结出影响办公空间设计的要素，预见未来办公空间发展的趋势，才提出关于未来办公空间设计的方法，从而设计出更加高效且人性化的办公环境。就一般公司而言，对外关系密切的部门，应位于底层或靠近楼层电梯，对外联系相对较少和保密性强的部门，应布置在高层或靠近建筑的尾部。关系密切的部门要尽量靠近，主要领导人的办公室应与秘书处、会议室等保持方便的联系。

（2）**平面的布置**

平面的布置应充分考虑家具及设备占有的尺寸、员工使用家具及设备时必要的活动室内尺度、各类办公组合方式所必须的尺寸。

（3）**创造弹性空间**

提高办公建筑的灵活性，适应形势的发展与变化。要尽量利用一些可以移动的家具和设备，如可以全方位组装的屏风、可以推拉的隔断、甚至带有滚轮的桌柜等（图 3-11）。

（4）**适当软化环境**

现代办公室惯用硬质材料如玻璃、不锈钢和石材等，又喜用偏冷的色彩和采用暴露管线等设施。这些做法有利于体现办公楼的现代性和科技

含量，但也容易冷漠、生硬而缺少人情味。因此，适当软化环境，做一些有文化内涵且能体现公司特色的装饰设计，注意沟通内外空间，渗透自然景色，将有效的实用性、有人情味的艺术性和先进的科学性统一起来是十分必要的。不同办公环境对于氛围的追求可能是不同的，在多大程度上和用什么手段软化环境，做法也可能是不同的，但从总体上看，办公环境应有较多的亲切感，这对职工和客人都是有益的。

（5）**办公空间照明**

办公室是工作人员长时间从事近距离视觉作业的地方，用眼时间较长，需要给工作者提供一个明亮的照明环境，因此，办公室应有较高的照度要求。较高的亮度可以给人带来开敞、愉快的感觉，有利于人们提高工作效率，为企业创造更多的效益。

办公空间照明设计有以下要点：

- 合理利用自然光。自然光源的引入与办公室的开窗有直接关系，窗和光的入射量的大小与方式的差异会对房间在心理与视觉方面产生很大的影响。一般来说，窗的开敞越大，自然光的漫射度就越大，但是自然光的强光线有时也会对办公室内产生刺激感，不利于办公心境，所以现代办公空间的设计，既要开敞式窗户，尽量满足人对自然光的心理需求，又要注意光线柔和的窗帘的装饰设计，使光能经过二次处理，变为舒适光源。
- 办公室的照明还对照度均匀度有一定的要求，但也不是越均匀越好，适当的照度变化能够缓解整个办公室呆板的气氛。对于一般照明，照度最小值与平均照度值的比值不应小于 0.7 而对作业面邻近周围的照度比值不应小于 0.5。而对于兼有一般照明与局部照明的情况，非工作区的平均照度不应低于工作区的一半，且不小于 200 勒 [克斯] 了。对于两个相邻的区域，办公室与它边上的通道，平均照度比值不能超过 5 ∶ 1，且较低区域的照度至少为 150 勒 [克斯]，否则在办公室容易产生强烈的明暗对比变化，从而使人眼在该照明环境中的工作产生视觉疲劳。
- 在设计时，要充分考虑到办公空间的墙面色彩、材质和空间朝向等问题，以确定照明的照度、光色。光的设计与室内三大界面的装饰有着密切关系，如果墙体与天棚的装饰材料是吸光性材料，在光的照度设计上就应适当调整提高，如果室内界面装饰用的是反射性材料，应适当调整降低光照度，如此，方能设计出舒适的光

图 3-11
展示与创意相结合的多功能前卫办公空间，加入了独特的角度与线条，简洁的色彩，艺术肌理感十足的元素运用。保留原天花的高度，使得办公场所轻松自由。

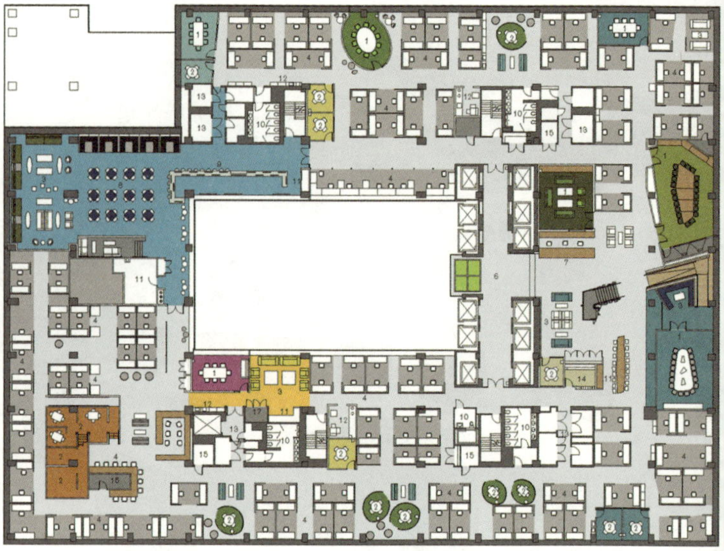

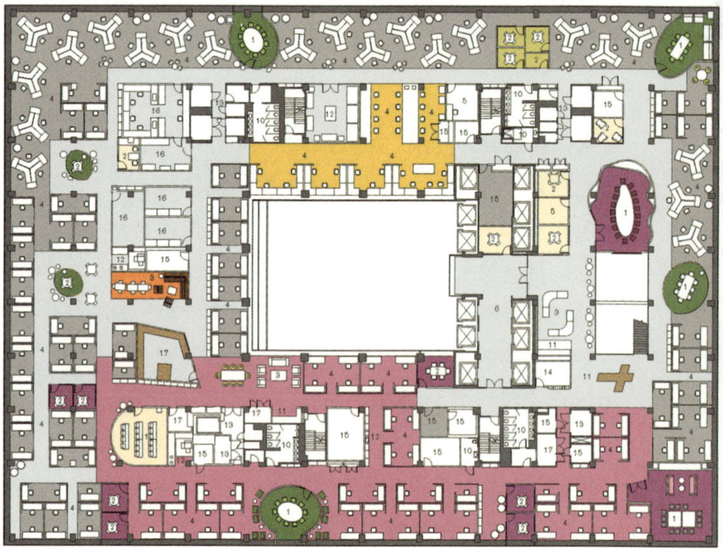

图 3-12
该项目是位于纽约的JWT总部大楼，是世界上最老和最大的广告商之一。做广告将不再仅致力于向消费者传递消息，而是创造值得公众花费时间和精力关注的经验。做广告的任务变成了“讲故事”。为了促进互动性，灵活性和合作性，空间是开放式结构，没有私人办公室。

环境。

• 办公空间的装饰性照明是为了活跃空间气氛而设置，但其作用始终要配合整体照明，服从空间功能和经济的要求。

（6）**办公空间色彩**

办公机构的文化特性在空间环境的视觉传达方面是通过色彩、造型、材质等装饰要素对于环境气氛的营造来实现的。尽管办公环境在色彩的表达、造型的设计与材料的选取方面均无固定的格式，但一般同一属性的办公空间有其约定俗成的色彩范围与材料搭配。

无论是行政性管理单位还是专业性咨询机构，现代办公空间的环境色彩均以简洁为主要目标，意在营造一个快速、高效的办事环境，即使在以创意为主、讲求个性的艺术性信息咨询服务机构，其色彩的选择也不宜过于纷繁复杂。通常，一个机构的室内空间会以一种或两种搭配的色彩作为整体环境的主导颜色，用家具、摆设物品或者局部界面的不同色彩和形状来点缀或活跃整体气氛。

一般来讲，行政办公空间或者法律、医疗、软件开发等较为理性的专业咨询机构的环境色彩适宜

图 3-13

该项目位于美国洛杉矶，其设计灵感来自南加州当地海滩文化和周围自然环境，因此，主要的表现形式是两种变换的弯曲形状以表示流动的水。安置在空间的两个末端行政会议室，由锋利、碎片样倾斜的墙壁所构成，彩色玻璃在光影的配合下，层叠排列，营造了一种有质感的多面体，好像溅起的浪花。开放工作站区域的地面上，重叠的圆形低隔板分隔让人们想起了轻柔起伏的波浪。两个会议室和工作区通过漂浮的天花板相连接。天花板的设计充满活力元素，并且隐藏了照明设备和其上方的机械管道，使得整个建筑被包被了起来。运动感和能量感在空间中的一些细节地方也有所表达，在接待区，餐厅和会议室的木质材料，虽然是分别雕刻的物体，但都保持了完整统一的风格。

淡雅、安静，颜色多围绕浅色系进行选择，色相的对比不易过于强烈，且空间流线笔直，界面或器具的造型简单大方，以显示其严谨、沉稳的行业作风和特点。

对于旅游咨询、艺术创意或者特色文化传播部门等注重感性宣传的办公机构而言，其空间的环境色彩运用往往纯度较高而且明亮夺目，空间的划分有时是借用造型独特的屏风或间隔来实现的，从而形成不规则的活动流线，界面、家具以及灯具的颜色与造型组成亦常常是前卫、大胆、个性十足，使其能够充分传达出其娱乐大众的业务范围以及活跃的行业性格（图 3-12）。

（7）办公空间的物理环境

与购物、餐饮、娱乐等人类休闲活动所使用的性能空间不同，办公空间更注重整体室内空间中物理环境的要求。设计师在决定界面或物品所用材料时，除了考虑空间的装饰性需要外，一定要考虑办公空间的光学、声学等技术层面的需求。

从室内设计与装修构造及选材的角度，办公室内风口位置的合理布置，门窗的密闭性和选用合适的窗帘遮阳，界面选材的隔声及吸声效果等，都将与办公室内物理环境的整体品质密切关联。

（8）坚持人性化方向

现代办公空间越来越向集约、高效、人性化方向发展，故办公空间必须有利于员工与员工之间、上下级之间、企业与客户之间的交流与沟通。办公空间的设计必须在“人性”与“效能”之间取得平衡，在办公组织和办公过程实现最高效率的同时，高度重视人的心理与生理需求，让办公空间成为高效、舒适、方便、安全、卫生的环境。

（9）突出企业形象

办公机构文化是机构内部的思想观念、思维方式、行为规范以及业务范围、生存环境的总和，不同机构由于功能性质以及经营理念的不同，机构文化的特征也不尽相同。一般而言，公益性机构注重亲和力，商业性机构注重服务，媒体性机构注重信息的快速传递，创意机构注重个性表达等。

办公空间环境也是企业形象的展示，在办公空间室内设计中，要以完整地体现企业形象、经营理念和文化追求为中心，全面考虑平面布局、空间分隔、办公家具、照明、音响、空调以及标牌的形式和风格，尤其要设计好门厅、接待台、形象墙、会议室、展示室以及主要领导人办公室等与外界联系较多的部分和空间。用装饰意味的装置或有历史纪念意味的壁画、奖状、雕塑、抽象符号等，也可以结合空间做一些橱窗或陈列柜来收藏与展示，这对营造办公空间环境的文化品位与空间的文化气氛是有帮助的。同时也可通过设计，增强职工的凝聚力，给客人留下深刻的印象（图 3-13）。

3.5 办公环境存在的问题

随着后工业社会时代的到来、经济的快速发展，人们对办公空间设计也有了更高的要求和期望，办公空间中存在的一些问题也随着人们对设计的要求不断提高而日益突出。现代办公空间给人们创造整洁方便的工作环境的同时，也带来了“写字楼综合征”，如：耳鸣、鼻喉干燥、思维迟钝、全身无力、容易疲劳、神经性头痛、记忆力减退等“职业病”，这种由于工作环境引发的疾病，目前已经是城市职业病主流。这些危害主要体现在以下几个方面：

3.5.1 噪声污染

一般情况下，人在 40 分贝左右的声音下可以保持正常的反应和注意力，若长期在 50 分贝以上的环境里工作，就会有导致情绪烦躁、听力下降。身处微量噪声办公室的员工，会有很大的压力。办公噪声已经严重威胁了工作人员的健康，让人担忧的是，这种威胁并没有引起足够的重视。

3.5.2 光线环境

办公空间光环境的质量与光线的投射形式、光线的照度分布及灯具的配置有直接关系。目前的办公空间多采用一般照明的方式，但同一办公空间的使用人员的具体分工也可能不同，同时由于生理、心理等因素的影响，人们的视觉满意程度差异性很大。根据视觉满意程度曲线，即使在曲线的最高点（此时对应桌面照度为 2000 勒 [克斯]），仍然有 20%的人对此照度不满意，也就是说，每 5 个人中就会有 1 个人对“最佳满意照度”不很满意，即使把此“最佳照度”作为设计依据，仍然会对相当多的使用者来说达不到满意的要求。所以要注重一般照明与局部照明相结合的方式。自然光线很受人们的欢迎，但是直射的日光具有较强的照度，容易在电脑屏幕或其他光面上形成眩光，电脑屏幕的暗色与窗外明亮的背景对比强烈，长时间会造成视觉损伤。室内环境中的光污染和空气污染一样，已经严重威胁到人类的健康生活和工作效率。

3.5.3 空气质量

测试结果证明，办公空间室内空气质量普遍不佳，有害物质的种类和数量从总体上要高于室外，办公室内污染程度有时高出允许上限值的 2 ~ 5 倍。现代办公大楼为了尽量减少楼层空间与空调供气量，都采用气密式设防，在中央空调环境下，办公室内空气在密闭状态下重复循环。办公设备如复印机、传真机等也会释放出挥发性的有害化学物质，停滞在空调的办公环境内，使办公室内容易交互传染疾病，进而传播疾病，并造成呼吸系统或皮肤过敏等症状，直接影响到工作者的身心健康。

3.5.4　电磁辐射

电场和磁场的传播过程生成一个作用力场叫做电磁场，传播过程叫做电磁辐射。办公空间内最大电磁辐射来自电脑，还有手机、电话机、输配电线等。长时间注视电脑屏幕可引起眼睛功能障碍，包括眼睛疲劳、头痛、脖子肩膀胳膊疼痛、短暂性近视等。电脑等设备的大量使用为社会创造了巨大的财富，但同时也对用户的身体健康造成了损害。

3.5.5　办公家具

人在办公室内工作，无时无刻不与办公家具打交道，而办公室综合征的许多症状都与办公家具设计的不合理有关。据统计在美国，每年约有 40 万以上的人因长时间坐着工作而患上了所谓的“椅子病”，设计不良的椅子等于是个抑制血液循环的装置，它会压迫血管系统，造成血栓。椅子若不能很适当地支撑腰椎，会导致“滑脱症”的产生，成为现代办公人员的一种新的职业性危机。办公室里的甲醛污染也应充分重视。

因此，针对噪声污染、光线环境、空气质量、电磁辐射和办公家具等方面，为人们工作的舒适性、健康性给予明确的设计方向，也给办公空间的设计提出新的研究方向。

思考题

1. 办公空间的含义及功能要求体现在哪些方面？
2. 根据办公内容的要求，进行相应办公空间的室内设计。

设计案例：北方仓库

项目地点：澳大利亚墨尔本
面积：6500 平方米
建筑设计：BVN 建筑事务所

北方仓库是位于码头区的一个火车站仓库，至今已有 120 年的历史，并已列入遗产建筑。北方仓库的翻新工程令人难以置信地恢复了墨尔本的部分历史，并使其变成了一个充满活力的办公场所，同时也向世人证明：只要在翻新建筑时有明确的设想和共同的目标，那么一切皆有可能。通过增加可视度和透明度并在建筑的中心区完成了工程以及会议空间的建造，设计方案能够形成更具创意的协同工作理念。设计致力于在现有建筑的基础上达到美观的效果，同时对现有的元素重新进行诠释，使其具备新的美感。建筑的主要历史元素包括有一定高度的原有天花板、天窗、曝露在外的桁架、砖墙以及传统的铸铁立柱均被保留下来，同时融入了新的工艺。原有材料的重新使用不仅保留了历史的遗迹，同时也降低了成本。设计师将建筑原来的门以及从原来的屋顶上取下的石板清洗干净之后安装在室内，将门作为接待处的主要背景，将石板打造成一面特色墙。仓库原有的铁路转辙器进行重新打磨并将其展现在房屋的前部。室内设计力求达到世界上经实践证明最有效的环境标准，增强公众对于可持续性方案的意识。

室内设计中的节能设计主要包括："选择可持续性环境材料"、"使用最少的材料、最少的利用建筑空间"、"专用自行车棚、有锁的储物柜和陈列橱"、"可以过滤空气污染物的 2400 多棵室内植物"、"减少能耗"、"使其可以在 15 年后改造成零售空间的灵活设计"。这些设计特色使其成为维多利亚最具可持续性的历史建筑（维多利亚州第一个五星级遗产建筑），同时也成为一个促进合作与创新的动态的综合现代工作场所。

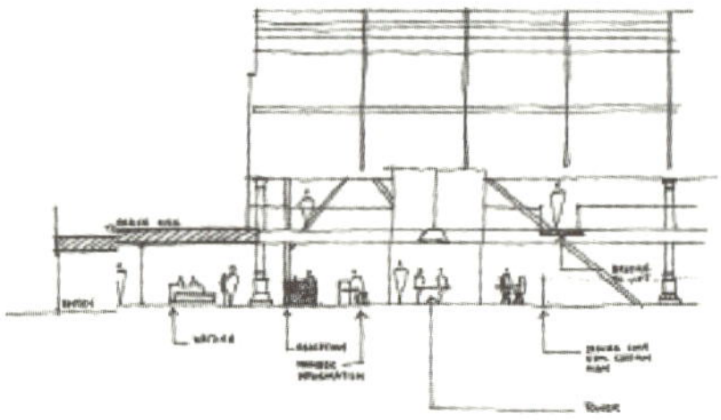

第4章
餐饮空间

4.1 餐饮空间的基本特性

餐饮空间是一种以从事饮食烹饪加工以及提供某种精神消费服务为主要经营活动的场所。随着经济的发展，生活水平的提高，人们社交聚会活动的日益增多，对就餐环境的要求也越来越高。许多餐厅开始突出个性化设计，营造独有的情调，因此，特色的、带有主题的餐饮空间已成为满足社会需求的重要场所。人们的就餐活动已成为增进交往、融洽气氛的必要手段，各种商务洽谈、应酬、约会、聚会、宴会等经常被安排在餐厅进行，这也大大促进了公共餐饮空间设计的发展，除了进一步对食物本身的营养成分和“味、形、色”等的研发之外，创造出与人们的心理需求、消费习惯、社交礼仪等相适合的餐饮空间以及相配套的空间氛围，也是餐饮空间设计的关键。

4.2 餐饮空间的分类与功能区构成

4.2.1 餐饮空间的分类

餐饮空间按照不同的分类标准可以分成若干类型。首先，顾名思义：餐，代表餐厅与餐馆；饮，则包含中式茶室、茶楼及西式酒吧与咖啡室等。其次，餐饮空间分类标准包括经营内容、规模大小等。

（1）根据人们对餐饮空间的认识分类

根据人们对餐饮空间的认识分类，餐饮空间可分为以下几个类别：

① 用餐的场所；

② 娱乐与休闲的场所；

③ 宴会、酒会的场所；

④ 交际、交流的场所；

⑤ 餐饮文化享受的场所。

图 4-1
杭州辣库餐厅

（2）根据餐饮空间的经营内容分类

餐饮空间所涉及的经营内容非常广泛，不同的民族，不同的地域，不同的文化，由于饮食习惯各不相同，其餐饮空间的经营也各不相同。从我国目前众多的经营内容中，可以将餐饮空间归纳出以下几种类型：中式餐厅、西式餐厅、宴会厅、快餐厅、风味餐厅、酒吧与咖啡厅、茶室。

（3）根据餐饮空间的经营性质分类

餐饮空间的经营性质是指该空间为营利性还是非营利性的。营利性的餐饮空间一般要求较高标准的装修及专门的设计，而非营利性的则是需要进行简单装修，以实用为原则。根据餐饮空间的经营性质分类，餐饮空间可以分为：

① 各营利性饭店、宾馆、酒店、度假村、公寓、娱乐场所中的附属餐饮系统，包括：

a. 各种风味的中、西餐厅及宴会厅、自助餐厅等；

b. 酒吧、酒廊；

c. 咖啡厅；

d. 茶座。

② 各类营利独立性餐饮服务机构，包括：

a. 各种社会餐厅、餐馆、酒楼；

b. 快餐店、风味小吃店、食街；

c. 各类餐饮连锁店；

d. 茶馆、茶楼、茶吧、茶座；

e. 酒吧、酒廊；

f. 咖啡屋。

③ 大型服务机构如机关单位、学校、医院、军营、监狱等半营利或非营利性餐饮系统。

（4）根据餐饮空间的规模大小分类

同为餐饮空间，从几十平方米的小型餐馆，到几百甚至上千平方米的大餐厅和宴会厅，其规模变化很大。无论小型还是大型餐厅，均有其特定的顾客群。空间的规模大小影响室内设计的具体手法和处理方式。

小型：一般指 100 平方米以内的餐饮空间，这类空间功能比较简单，主要着重于室内气氛的营造。

中型：指 100 ～ 500 平方米的餐饮空间，这类空间功能比较复杂，除了加强环境气氛的营造之外，还要进行功能分区、流线组织以及一定程度的围合处理。

大型：指 500 平方米以上的餐饮空间，这类空间功能复杂，应特别注意功能分区和流线组织。由于经营管理的需要，这类室内一般还需使用灵活分隔的隔扇、屏风、折叠门等，以提高其使用率。

4.2.2　餐饮空间各主要功能区的构成和设计要求

餐饮空间分两个大区域，即餐饮功能区和制作功能区。餐饮功能区包括：门面和顾客进出口功能区、接待和候餐功能区、用餐功能区、服务功能区等；制作功能区包括：消毒区、清洗区、备餐区、活鲜区、点心房等。

功能空间更进一步的划分一般由用餐区（饮食厅）、公共部分、厨房（饮食制作间）及辅助部分组成（图 4-2）。100 座及 100 座以上的餐馆、食堂中的餐厅与厨房面积比宜为 1.1 ∶ 1，食堂宜为 1 ∶ 1。

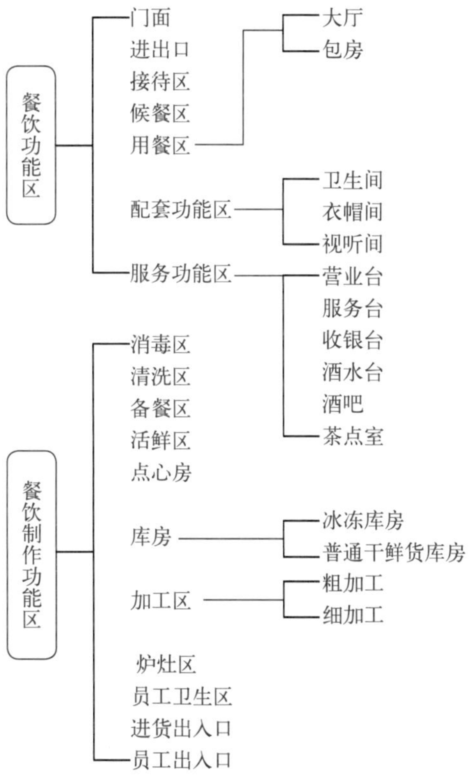

图 4-2
餐饮空间详细分区图

图 4-3
某餐厅首层平面布置图

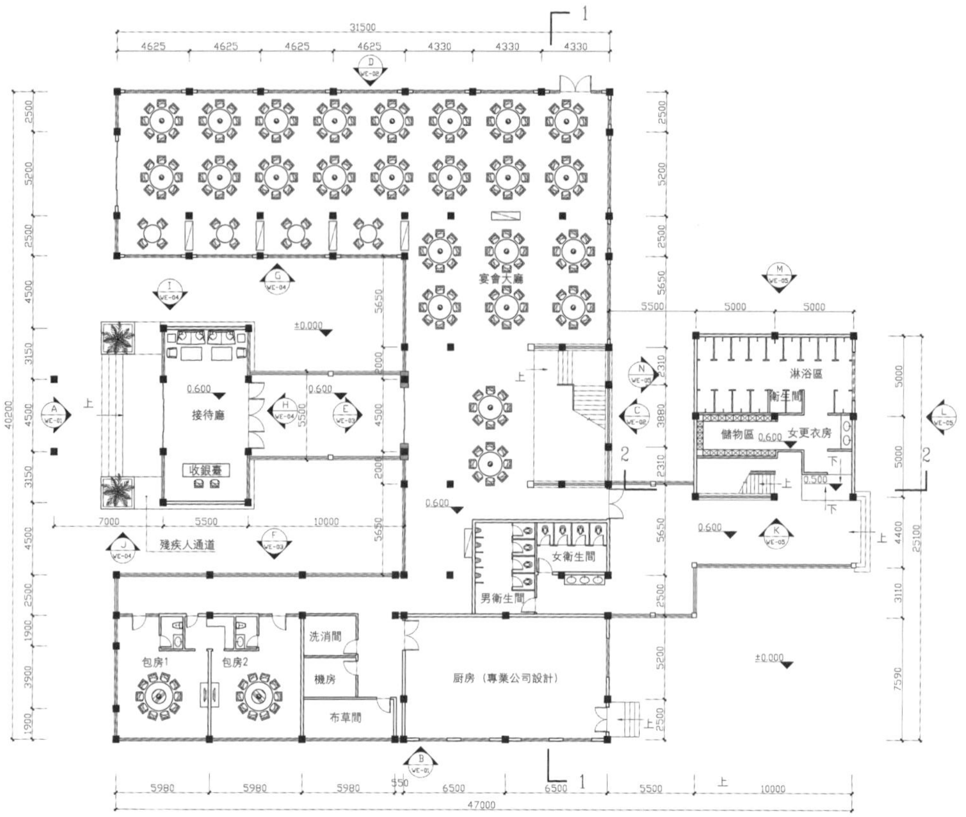

也可根据饮食建筑的级别、规模、经营品种、原料储存、加工方式、燃料和各地饮食特点等不同情况进行调整。

（1）门面和出入功能区

门面和出入功能区包括：外立面、招牌广告、出入口大门、通道等。出入口功能区是餐厅的第一形象，也称“脸面”，最引人注目，容易给人留下深刻的印象。所以，门厅的装饰一般较为显眼突出，陈设富有特色，在视觉主立面上设置店名和店标。根据门厅的面积大小，一般选择设置迎宾台、顾客休息区、餐厅特色简介等，还可以结合楼梯设灯光喷泉水池、绿化或装饰小景。

（2）用餐功能区

用餐功能区是餐饮空间的经营主体区，也是顾客到店的目的功能区，是设计的重点。用餐功能区设计时要考虑的因素包括餐厅的内部空间尺度，流线的规划与分布，功能的布置使用，家具的尺寸和视野的舒适等等。这里应以烘托、渲染和调节就餐气氛为主要目的，常选用的陈设品包括绘画、摄影、盆栽绿植、工艺品、灯饰、立体挂饰、家具、织物、壁画、屏风等。家具在餐饮功能区中居主导地位，它的色彩、风格、造型对就餐环境的风格起决定性的影响。

当餐桌正向布置时，桌与桌的净距离有一定要求：仅就餐者通行时，桌边与桌边净距不应小于 1.35 米，桌边到墙面的净距不应小于 0.9 米；有服务员通行时，桌边与桌边净距不应小于 1.80 米，桌边到墙面的净距不应小于 1.35 米；有小餐车通行时，桌边与桌边净距不应小于 2.10 米。

当餐桌采用其他形式布置时，可根据实际需要调整，且不同主题功能的餐厅应该有与之相适应的餐桌摆放方式和装饰风格。如中餐厅和宴会厅多用圆桌；西餐厅多用双数方桌、长方桌；酒吧和茶室一般用小圆桌或吧台。顾客就餐动线和送餐服务路线应尽量避免交叉，特别是大型宴会厅，应以配餐廊代替配餐间，以避免送餐路线太长，还可以考虑一些辅助手段，如绿植、半隔断等形式来划分各种不同区域，以避免相互之间的不必要的干扰。

（3）厨房或饮食制作间

厨房或饮食制作间是餐饮空间的主要重点功能区，又是整个餐厅食物出品制作的心脏。主要设备有消毒柜、菜板台、冰柜、点心机、抽油烟机、库房货架、开水器、炉具、餐车、餐具等。厨房的工作空间非常重要，一般的餐厅制作功能区的面积与营业面积比为 3：7 左右为佳。厨房制作间的室内净高不宜低于 3.00 米。该区域可根据经营性质选择设置下列各部分：主食加工、副食加工、备餐间、洗涤消毒间、餐具存放间，各区域严格区分，明确加工流程。各加工间应处理好通风排气，防止厨房油烟气味污染餐厅，可采用机械排风，也可设置出屋面的排风竖井或采用设有挡风板的天窗等自然通风措施。

（4）辅助部分

辅助部分包括各类库房、办公用房、工作人员更衣储藏室、卫生间等，根据不同等级的饮食建筑实际要求来选择设置。原则上以方便、卫生、实用为主。辅助功能区是餐饮空间的服务区域，也是餐厅的档次的象征，尤其是近年来化妆间（卫生间、洗漱间）区域的设计越来越受到重视，很多餐厅尝试在细节设计上提供贴心的服务，是餐厅配套设施设计中不可忽视的环节。

4.3　餐饮空间设计的理念

餐饮空间的室内设计现已成为市场竞争中的一个重要部分。它是随着人们观念变化、市场的需求、科技的发展、材料的更新等多方面不断的进步、创新和多元化。餐饮空间是具有明显特征的商业空间，这就决定了设计的宗旨是“设计为商家创造利润”。一切的设计活动都是围绕着这样的中心来表现。经

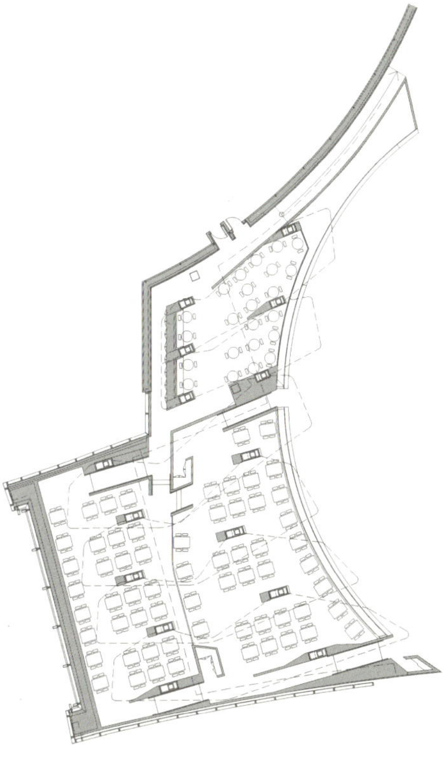

图 4-4

咖啡馆结构设计的灵感来自于红树林的凉爽感觉。巨大的天蓬可以提供阴凉，同时允许空气自由的流通于屋顶开放的结构之间，营造了一种迷人的光影相间的氛围。温暖而又舒适的木质结构和白色的石膏表面都给人以凉爽的感觉。

营者的市场定位是我们设计环境的依据，品牌与空间形象的结合就是餐饮空间的必然发展之路。我们的空间设计仅是品牌构架里的一个醒目的部分，他应符合整体品牌形象。设计师的表现手法都应是强调加深品牌概念。当今餐饮行业的状况随着饮食志趣变化而多样化发展，饮食志趣的多样化发展，餐饮依据是多元素、多角度的。设计师要熟悉各类餐饮空间的特质，结合具体状况分析做出功能空间的划分。功能空间的合理化，是非常重要的环节。大空间定位了，才有细节之处突出氛围。

4.3.1 创建主题餐厅

鲜明的主题是餐饮文化空间环境向目标顾客群体所表达的中心思想和经营理念，也是餐饮企业市场定位和服务定位的一种体现，鲜明的主题是企业表达其理念与使命的载体。地域、生态、情感、艺术等，很多文化素材和时尚题材都能构建餐饮文化空间设计的主题。例如：以特定的环境为主题、以某项特殊的人情关系为主题、以某个兴趣爱好为主题、以文化符号为主题、以中国的语言符号为主题、以思古怀旧为主题、以历史事件为主题、以著名人物为主题等等。通过一些具体的艺术形象进行传达，主题便成了整个餐饮文化空间的灵魂。餐饮文化产品、特色服务、独特的造型、贴切的色彩搭配都是为餐饮空间主题服务的，从而也形成了该场所的企业文化标志，为消费者提供了一个很好的企业识别形象，同时也刺激消费者的消费行为。

主题餐厅设计的理念与原则：

① 以市场为导向原则；

② 注重符合性及适应性原则；

③ 突出服务性、主题性、文化性、灵活性原则；

④ 多维设计原则（平面设计、立体设计、时空设计、意境设计）。

4.3.2 突出地域及民族特色

民俗习惯、地区特色是主题餐饮空间创意设计的源泉。不同的民族，有着不同的宗教形态、伦理道德和思维观念。民俗餐饮空间作为一种空间形态，它不仅满足着那个民族和地区餐饮活动的需要，而且还在长期的历史发展中，逐渐成为一种文化象征。

突出地方特色，利用地方特有的风土人情或风光景象、建筑特色、民风民俗作为设计元素，强化餐饮空间的独特氛围。突出地方特色不仅使餐饮空间更加独特而吸引顾客，一定程度上也是在宣传该区域的文化和该地方的形象，同时对餐饮市场来说，多元化的地方特色的设计才能体现行业的丰富多彩与欣欣向荣。

4.3.3 强调文化内涵

强调文化内涵，把独特的饮食文化融入餐饮空间，已成为现今餐饮空间设计的一种时尚。人们在进餐过程中，不仅是满足生理的需求，更多是通过感觉、感知、体验、品味的过程，在心理上得到充分满足，这一方面体现了对源远流长、博大精深的饮食文化感兴趣，另一方面也体现了对与饮食文化有关的环境、餐具等用品感兴趣。对于今天的消费者来说，新的饮食空间环境，新的文化内涵更成为他们体验的一方面。中国的不同时代、不同民族、不同地方均有不同的饮食文化，将文化中有意义的符号元素进行挖掘，精心设计，运用现代装饰手法转化、糅合，使它们在原有的基础上得到更理想的升华，对进餐的消费者来说也是一个潜移默化、接受文化熏陶的过程。

4.3.4 创新科技手段

随着时代的发展，科学技术的不断提高，现代材料与结构技术的发展使超大跨度的建筑空间的实现成为可能。装饰材料与施工手段的日新月异，在餐饮空间设计中运用也越来越广泛。尤其现代科技手段中的声、光、电等也都出现在现代餐饮空间设计中。与以往乡土味十足的装饰手法不同，它们更体现现代感，使餐厅环境和用餐过程变得更为新奇而刺激，满足新时代人们猎奇和追求新、奇、特的欲望。利用科技手段进行餐厅创意设计的关键是设计主题的定位和施工材料的选择及制作技术的完美配合。

4.3.5　以个性、独特的手段突出风格

消费者总是喜欢个性化的餐饮环境，餐饮空间开始进入个性体验时代，餐饮空间中的场景设计也成为塑造个性化餐厅的重要手段。设计的前提是“听从市场和消费者的需求”，在合理的空间规划、功能分区的基础上，利用特定的场景手法，体现不同的空间故事情节，突出个性与情感的表达，满足人们精神上的需要，实现美食与情景融合，给消费者传达不同的空间体验。

除了以上五种主要方法以外，餐饮空间还可以结合时代风貌、历史文脉、环境因素等各种要素理念进行创意设计，对于提升餐饮空间的多元化特质有很重要的作用。

4.4　餐饮空间环境设计要素

餐饮空间环境质量的优劣是由许许多多因素决定的，除了空间大小、家具、食物、服务等硬件以外，餐饮空间的软环境气氛同样对就餐的环境质量发挥着重要作用。

餐饮空间营造的气氛应有别于日常居家、办公场所等环境的感受、步调和节奏，针对不同的潜在顾客群体，餐厅营造的气氛需满足不同的需求要素，例如：

不同顾客群

　　商业客人、家庭客人

　　团体客、散客

上班族属性

　　进入餐厅后希望可以舒缓紧张情绪

　　商务需求

休闲族属性

　　在露天阳伞下用餐、喝咖啡，胜过舒适的室内环境

　　体验环境

低温气候时

　　暖色系的装潢布置，有温暖的感觉

　　人造火把（瓦斯燃烧、红色纸张材料等）

图 4-5
时尚料理店

图 4-6
大量的水晶剔透醒目，让第一眼印象就充满戏剧性，整个空间营造出张力十足的华丽风格。

菜单设计

菜单内容、菜单纸质、菜单样式等均会影响餐厅气氛

餐饮空间环境气氛的营造可以通过人体的视觉、听觉、触觉、嗅觉、味觉、温度、动线等感性体验和陈设、绿化、室内景观等方面的综合应用来实现。

4.4.1 视觉色彩（Vision）

餐饮空间装修的室内色彩应该采用暖色调，以达到增进食欲的效果。虽同为暖色调，但中间的差异还是很大的，如中餐厅若是皇家宫廷式的，则以大红和黄色为主；若是园林式的则以粉墙为主、略带暖色。而西式餐厅则更多地采用较为淡雅的暖色系，如粉红、粉紫、淡黄或白色等，也有用熟褐色的，有的高档餐厅还施以描金。例如：

- 外部的招牌与建筑外观（整体外观）、人形走道、入口（门面）、标识、照明（夜间、白天）
- 光线的明暗或色调（自然采光、灯光照射/反射）
- 镜子和隔间的运用（营造扩大或缩小空间的视觉效应）
- 天花板的高度（吊顶）
- 菜单设计（高挂墙面、单张菜单、折页菜单、整本菜单、电子菜单）
- 墙上的艺术品、窗帘
- 桌子的摆设、桌子的艺术铺面
- 服务人员服装仪表

4.4.2 听觉（Sound）

- 对话声音大小/服务人员的点餐介绍解说
- 音乐的类型或音量；现场演奏或音响播放
- 杯盘撞击声
- 厨房和吧台的噪声
- 中央空调的声响
- 收银机和结账的声音
- 外面环境的噪声
- 步行鞋子的噪声

4.4.3 触觉（Touch）

- 地板：大理石、地毯、木质、瓷砖
- 椅子：木、金属、皮、布料、椅垫
- 餐桌：装饰、桌巾
- 玻璃器皿：厚实、精致
- 陶器、瓷器
- 餐具：塑胶、不锈钢、银制

图 4-7
茶楼一隅

- 菜单：纸质、凸版

4.4.4 嗅觉（Smell）

- 烘烤的香味与香料的味道
- 油烟味、油脂的酸败味
- 顾客和服务人员的香水味 / 体味
- 新装潢或新家具的油漆、溶剂味
- 厕所的芳香剂、空气清新剂等的味道
- 烟草味

4.4.5 味觉（Taste）

- 冷饮
- 松软蛋奶酥
- 洋葱圈
- 烹饪不同程度的牛排
- 香辣咖喱餐

4.4.6 温度（Temperature）

- 室温控制
- 顾客及工作人员的体温
- 咖啡壶和厨房散发的热气、制冰机、冷藏库、冷冻库、蛋糕展示柜热排的热气
- 吊扇所产生的微风
- 坐在散热或冷排顺风（或逆风）处产生的气流
- 太阳照射或使用窗帘遮蔽
- 热食：送到的温度；冷食：送到的温度

4.4.7 动线（Motion）

- 顾客动线

  简单明确：餐厅出入口至客人座位的动线

  宽度合宜：取餐的动线，基本通道宽度 60 ~ 90 厘米

  方向顺畅：走道宽度与座椅配合，用餐区走道避免有重复的情况，移动桌椅动作

- 服务动线

  工作效率：减少服务人员配送时间，减少配送服务人员数量

  动线原则：以直线为主

  餐橱（送餐车）、手推车路线不交叉

  服务人员与厨房人员制备动线不交叉

  客人与服务人员动线不交叉

- 排队等候人员的等候区
- 餐厅外对餐厅内的任何举动的透视感
- 餐厅内对餐厅外景物的透视感（视野景观）

4.4.8 陈设、绿化、室内景观

室内陈设也是餐饮空间气氛营造的重要手段，室内陈设包含的种类非常广，从字画、雕塑、工艺品等艺术品，到人们的日常生活用具与用品，只是设计师应根据需要以及不同类型的餐厅选用相应的室内陈设。室内陈设可以为就餐者提供文化享受，增加就餐情趣。

绿化是室内设计中经常采用的装饰手段，几乎所有的餐饮空间都有绿化的装扮。它以其多姿的形态、众多的品种和清新的绿色得到了人们的青睐。绿化在餐饮空间中的运用非常广泛。有用于点缀“空白”的盆栽，有用于限定空间的绿化带，还有用于“串联”上下空间的高大乔木……无论是色彩还是形态，都大大丰富了餐饮空间的视觉效果。

在餐饮空间中，为了表达某个主题，或是增加空间感，经常在一些不影响使用功能的所谓“死角”设计室内景观，这些景观让就餐者感到某种寓意和情调。

以上几个方面需要互为补充，互相支持，更重要的是要根据不同的内容进行有针对性的设计，才能创造出恰如其分的餐饮氛围。因此，在学习和实际设计中需要灵活掌握，融会贯通。

设计案例：苏浙汇杭州店

公司：PAL 设计事务所有限公司

项目地点：浙江 杭州

项目面积：1000 平方米

设计策划、市场定位：以杭州之市花“桂花”为设计核心，通过桂花之图案设计，把花之美态融入餐厅环境，成为高尚之中式餐厅。地处消费力强的休闲娱乐购物广场，定位准确地适合年轻消费群。

环境风格上的设计创新点：配合周围环境，创新、活力、豪华集于一身。现代设计、有趣装潢的元素，都能吸引年轻而懂生活之时尚一族。

空间布局上的设计创新点：布局层次分明，划分多个进餐区及包间，营造高档次氛围，桂花图案之特色吊灯，变化多端，又自成一格。

设计选材上的设计创新点：刻意营造与众不同的设计，善于利用材料的优点，尽情发挥在设计空间内。

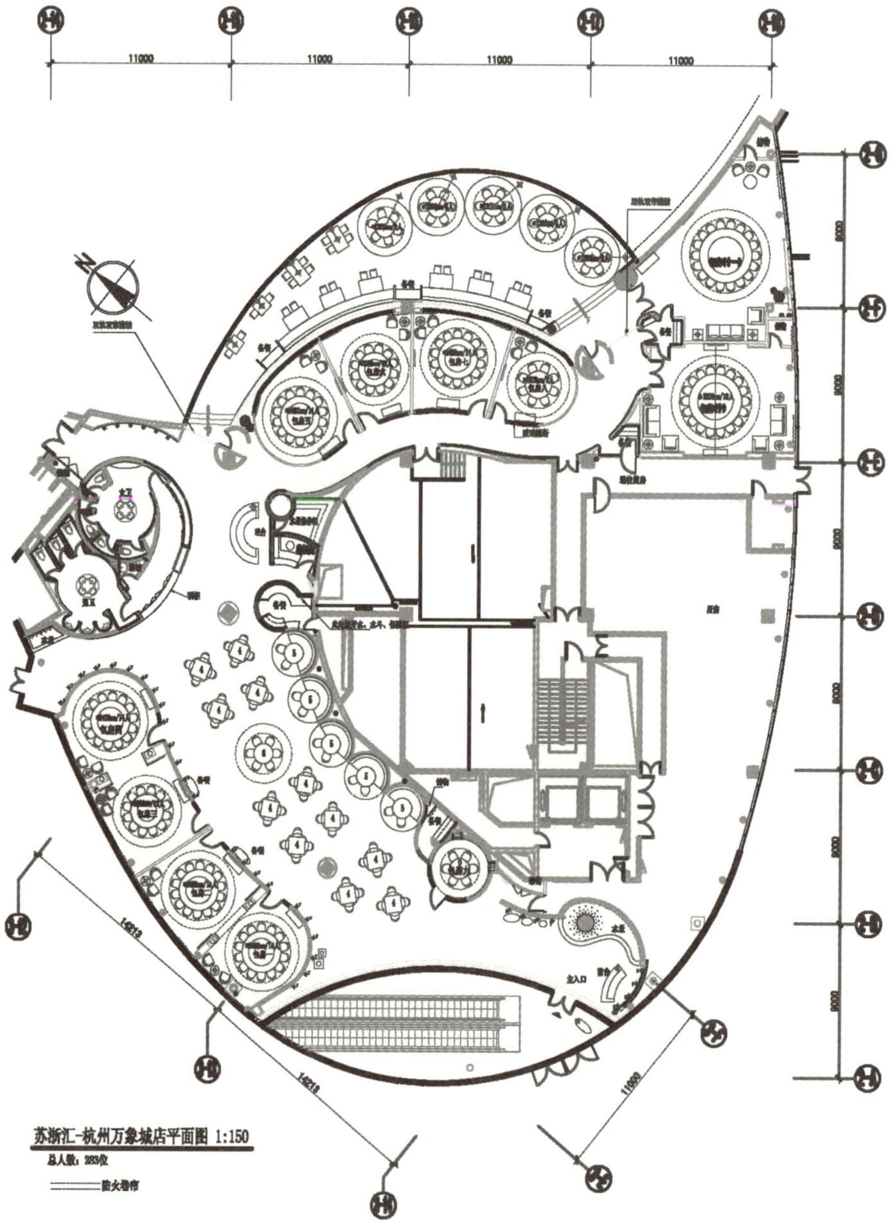

苏浙汇-杭州万象城店平面图 1:150

总人数：283位

防火卷帘

JARDIN DE JADE
蘇浙滙

第5章
休闲娱乐空间

随着国民经济和中国城市建设的飞速发展，人们的消费能力和消费层次也随之快速提升。人们对休闲娱乐方式的需求也是日新月异，务求新奇，这也促使中国的娱乐行业以前所未有的速度蓬勃发展，从最初的单一化模式向多元化、多层次化的方向快速发展，休闲娱乐的形式多种多样，有的以娱乐歌舞为主，有的以逛博物馆，看电影等，还有的以体育锻炼、美容健身作为休闲娱乐活动。称之为“百花齐放，百家争鸣”也不为过。娱乐场所也由最初单调乏味的模式跨越式地向层次丰富，特色明晰的方向发展以适应日新月异的消费需求。

5.1 休闲娱乐空间概述

休闲娱乐是与工作相对的概念，休闲娱乐空间就是人们工作之余活动的场所。是人们聚会、交友、用餐、欣赏表演、松弛身心和进行情感交流的地方。尽管从古至今的休闲娱乐空间的内容始终是以餐饮、观赏表演、自娱自乐为中心，但包容它们的场所——休闲娱乐空间在形式上却随着时代的变迁而不断改变的，从古时人们围绕篝火席地围坐到近代的欧洲酒吧，再至现代的歌舞厅、夜总会等休闲娱乐场所的兴起，都表明时代的进步、文明的发展及人们生活质量的提高。

休闲娱乐空间的内容丰富、形式多样，目前，各种休闲娱乐形式从单一向综合方面发展，出现了互相渗透、互相交融的情况。如在洗浴中心设舞池、健身房，在餐饮空间中设舞厅、洗浴等，甚至大型商场中也有附设休闲娱乐的各种内容。

5.1.1 休闲娱乐空间的类型

休闲娱乐空间的设计以创造出轻松、愉悦、休闲的环境为它的追求目标了。现代化大都市的生活节奏已经使有些人越来越容易感到身心疲倦，而通过轻松的、愉快的、休闲的活动方式来缓解因过于繁忙带给人们的紧张，使身心得到放松，这种新的生活方式得到了人们的认可。休闲娱乐形式与类别的不断丰富，不断更新正说明了这一趋向。

休闲娱乐空间的类型繁多。从功能上可主要为文化娱乐类、俱乐部类、健身中心类等，应该

图 5-1
总体设计精致而独到，灿烂富丽，满足着人们充满期望的眼神。

图 5-2
麦乐迪北京安定门店

说，它们是动态变化的，随着时代的发展，有些类型整合在一起，有些逐渐淘汰，有些又出现新的形态，以各种休闲娱乐形态与场所丰富着整个社会。

（1）文娱型娱乐空间

文娱型娱乐空间主要指以歌舞表演、跳舞、卡拉 OK 等为主的歌舞厅、夜总会、卡拉 OK 厅、迪斯科厅等综合型的娱乐空间，它往往综合了舞厅、酒吧、卡拉 OK 等的功能，是目前娱乐空间的主流，成为城市中娱乐放松的主要场所。

（2）俱乐部、会所

“会所”英文为“Club”，音译即为俱乐部。在 17 世纪的欧洲，世界上第一家会员制俱乐部诞生在英国的一个咖啡馆里。俱乐部、会所是指某项运动的爱好者或某类从业人员的聚会交流场所。目前许多俱乐部、会所、健身中心都执行会员制度，会员成了兴趣相同或某阶层人们的代名词，当然会所时下还指某住宅小区的配套设施，以提供住客与业主的休闲、聚会交流及餐饮活动，同时提供相应的服务。

（3）健康中心

健身中心的主要功能是提供休闲保健服务，这里主要内容有健身、沐足、美容、保健按摩、桑拿等。健身中心广泛地存在于商业休闲场所内，提供各种健身、保健服务外，随着人们需求的增多，往往成为以健身为主的综合性的休闲场所，也包括看电影、下棋及餐饮等。

5.1.2　休闲娱乐空间发展趋势

（1）消费大众化

随着社会经济的发展，大众化休闲娱乐需求在发达地区已经产生，这种消费大众化的趋势给我们提供了一个广阔的市场空间。

（2）产品多样化

因为休闲娱乐需求的产生本身就是市场培育到一定程度的结果，下一步必然要求休闲娱乐产品的多样化。各类休闲娱乐产品要在多样化的同时，更加深化内涵，从而对市场有更好的适应性。

（3）追求个性化

作为消费者，到了休闲娱乐这个层面，个性化的追求就更加突出，需要研究如何对应客人的个性化需求，提供个性化产品和个性化服务。

（4）市场层次化

就是要研究市场的层次问题，基本上是高端、中端、低端。这样形成一个市场的层次，有这个层次，才可能有比较好的分工。

（5）发展国际化

现在我们基本上没有进入国际化，还是国内水平。进一步的发展必须有一些领袖型企业的带动，国际化发展的局面必然会产生。

图 5-3
SPR 会所。设计的主旨是在北方都市中营造一个抒情婉约的东南亚风情会所。细腻柔和的空间呈现出协调的视觉感。音乐悠扬，帷幔随风飘动，不知不觉中已身临其境。空间分布均匀，独立性高，私密性好。设计中采用的木、石、麻等质感的材料来凸显其会所本身回归自然的主题。

5.2 文娱型娱乐空间室内设计

娱乐业从最早期的歌舞厅、夜总会式歌剧院、迪斯科、综合性酒吧、丽人 SHOW 吧，到今天的夜总会、量贩 KTV、娱乐会所、慢摇吧等，经历了一个漫长的过程。特别是在娱乐业不断成熟的今天，娱乐模式及消费群体的细分更加明显及专业化。

由于经营方式不同，舞厅的组成和活动内容也各不相同。从目前情况看，主要有以下几种：

5.2.1 夜总会

夜总会多以生意上商务洽谈和应酬为主要消费目的，消费的群体则主要是一些生意上的商务应酬或知己共聚的人，豪华高档的装饰硬件和体贴入微的服务软件是该模式的主要特征。在这种模式下既要照顾两人世界的娱乐空间，也要考虑到集体娱乐的公共气氛。夜总会在功能布局上，房间应有各种等级区分，由"普通房—豪华房—总统房"等来满足不同消费性质、消费目的人群的需求，接待大堂应尽显尊贵气派，过长的通道应设小型休息区、景观区等，以便客人聊天及接听电话。

夜总会以表演歌舞等节目为主，故常有一个较大的舞台和男女化妆间。舞厅一般由以下四部分内容组成：一是歌舞、表演部分，二是休闲部分，三是服务配套部分，四是办公部分。

歌舞厅的设计内容应包括舞池、休息区、舞台、服务吧台、声光控制室、存衣间、洗手间和储存间等，通常要求具有单独的开放条件和直接对外出入口；平面布局和空间组织应尽量活泼，富于变化。由于使用人员较多，因此功能分区要明确，符合防火和公共场所卫生标准和要求，同时要符合歌舞厅的设计规范。

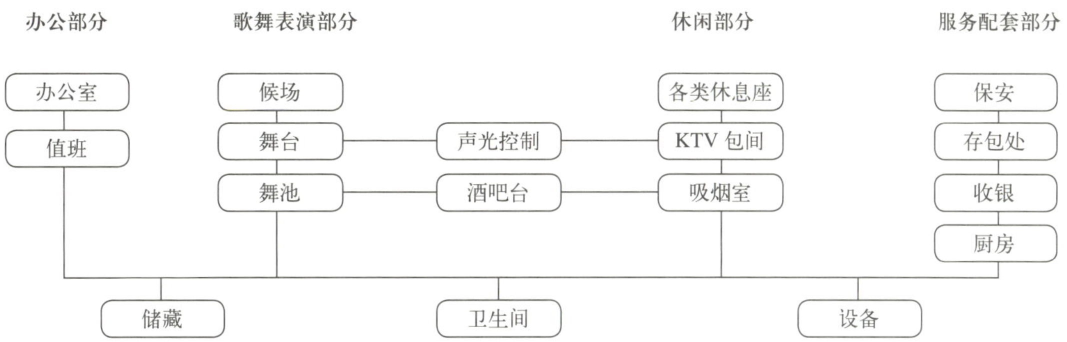

图 5-4
舞厅主要功能示意图

5.2.2 KTV

(1) 普通 KTV

卡拉 OK 源自日本，在台湾传播后，迅速流行于大陆、欧美等地，一般习惯把卡拉 OK 的经营场所称为 KTV。KTV 功能区一般包括：接待处、大厅、包房、交通过道、公共休息区、工作区、后勤服务区等。其中，大厅、包房、交通过道、公共休息区、用餐服务区等区域是 KTV 内最重要的构成部分。

(2) 量贩式 KTV

量贩式一词源于日本，在日语里是超市的意思，也有大量批发之意，是自选、自助的意思。量贩式 KTV 一般具有规模大，营业时间长，价格灵活多变、消费人群多样化等特点。量贩式 KTV 平面设计讲究的是简洁大方、舒适实用，且房间应具备一定的数量，并分出大、中、小等房型供客人选择。另外，设计的房间面积不宜过大；超市及餐区应放在营业区中间及门厅处，便于顾客发现及取餐；通道宜宽阔、笔直；洗手间也应设在 KTV 包房外侧。

(3) 商务式 KTV

“商务式 KTV”一般是集娱乐、休闲和洽谈商务于一体的场所，提供食品、饮品、中餐的同时也提供人员服务，在收取食物费用同时收取包房费，通常“商务式 KTV”配套设施先进豪华，往来的大多是消费能力强的群体和企事业老板。商务 KTV 档次、装修环境风格等都要好于普通 KTV。环境与服务是商务式 KTV 的主要优势所在。

5.2.3 酒吧

(1) 慢摇吧

也是国内大众俗称的静吧。“慢摇吧”是一种全新理念的酒吧，介于迪吧与传统酒吧的慢摇吧，它有效的将潮流音乐与酒吧文化融为一体。由于它的娱乐方式、环境气氛、DJ、音乐等因素，消费群体主要是具备一定文化素质，对生活质量有所追求的白领、SOHO 族、新人类等年轻人。

(2) 演艺吧

演艺吧顾名思义，就是以演艺为主。演艺吧从

图 5-5
量贩 KTV。设计主要针对 80、90 后及都市年轻消费群体，空间氛围与年轻气息互补互存，产生强烈的共鸣。

酒吧发展而成，最大特点是中间有一个舞台，四下是成桌的客人。小型演艺吧在酒吧中兼带有二三人的小型表演，使歌手与客人打成一片。听歌、饮酒、娱乐同时进行，这类酒吧称之为表演吧，消费者主要以朋友聚会饮酒、情侣约会等为主。大型演艺吧相对面积要大些、座位也要多些。由于表演厅面积大，所以平面布局应丰富多变、错落有致，以避免单调、空荡。舞台是全场注目的焦点，可适当运用电动机械及现代科技使舞台显得灵活多变。现代的舞台不仅要有主表演台，还需要在观众区设置副舞台，并与主舞台的表演通道相连接，让演员与观众有更多近距离的接触，共同制造气氛。当然舞台还可以是立体的、多角度的，如空中舞台及高架天桥，可与二层观众直接亲密接触，演员地下通道的出场方式亦会尽显神秘。电动升降梯可连接一、二层舞台，以上、下纵横三维的立体舞台打破传统的表演方式，让顾客有耳目一新之感。

（3）迪吧

这种酒吧以“蹦迪”为主，舞池相对较小，有时在同一个空间内同时设几个小舞池，供客人分别使用。迪斯科舞厅的顾客群几乎全是年轻人，故装修装饰相对活跃，动感十足，造型设计、色彩、图案、材料更加时尚和奇特，甚至怪诞和另类。这种舞厅也可设置表演用的舞台，此外，还可能有一个或几个领舞台，供领舞者使用。

（4）清吧或英式小餐吧

是流行于英伦三岛的一种酒吧形式。清吧（PUB）即 PUBLIC HOUSE 的简称，是大众化消费场所，清吧以轻音乐为主、比较安静，顾客可选择在吧室或餐室进餐，并可提供如象棋、掷飞镖等休闲服务。

5.3 会所型室内空间设计

5.3.1 会所的基本类型

（1）按主题分类

健身设施：泳池、健身房、保龄球室、网球场、壁球馆、高尔夫练习馆等。

餐饮服务：中、西餐厅、咖啡屋、酒吧、雪茄室等。

商务办公：商务会议室、婚庆服务、会展服务、品牌推广等。

住宿服务：总统套房、豪华商务套房、标准间、单人间等。

其他服务：网吧、阅览室等。

（2）按服务对象分类

按服务对象分类，会所可分为公共会所、社区会所以及私人会所。

公共会所的使用者不做任何限定，面向所有人开放，但绝大部分采用会员制的形式存在。公共会所又分为商业类会所和度假类会所。商业类会所是以商业为主的俱乐部会所。度假类会员俱乐部多以休闲、娱乐为主。

社区会所即供小区居民交流、活动、休闲的小区公共场所。以方便业主为出发点，向小区居民提供免费或极优惠服务。社区会所概念最早源于香港，后来，逐渐传到深圳、广州，然后北上遍及全中国。国内的居住小区真正开始接受并实施会所是在 20 世纪 90 年代末期，这几年则愈演愈烈。几乎成了稍具规模的小区的必备配套。“会所”成为楼书、广告上最炫的两个字，它不仅意味着交往空间，象征着配套水平和物业的“高尚”程度，它还隐喻了一种体面的生活方式。社区会所大多只面向社区业主，也有采用会员制的，其中部分社区会所为确保经营持久，也对外服务。其大多以主题形式存在，可分为生活型、健康休闲型、文化型。如 SPA 会所、潜水俱乐部等。

社区会所从广大社区的角度去拓展会所的空间，通过对会所和社区的整合，为业主创造一种独特的健康和休闲生活方式，用以满足不同消费者的品位和需求。营造出一个真正的大社区居家模式。

私人会所这个概念来源于欧洲富人阶层。首先盛行于我国发达城市。私人会所是专为少部分高端人群服务，它和公共会所的不同之处在于其排他性，只面向固定的业主和会员，给人带来一种归属感——成员更像是这里的主人而不是购买服务的消费者。

图 5-6
音乐会所接待厅。其建筑体态以结构与面块作相互穿插，根据白天到傍晚再到深夜时分的不同效果，利用灯光色彩变幻渲染，形成简洁时尚有力的发光体。整个项目以统一而打破传统的规则设计，高与低、规整与线性的对比，使人在其中感受到不断的惊喜。

在 17 世纪的欧洲，世界上第一家会员制俱乐部诞生在英国的一个咖啡馆里。由于参与者有着相同的兴趣爱好，于是决定组成一种联盟，事实上这就是私人会所诞生的最初。随着时代的变迁，由于这种俱乐部为相同社会阶层的人士提供了一种私密性的社交环境大受欢迎并逐渐流行开来，发展到今天的全球俱乐部景象时，会所已经成为中产阶级和相同社会阶层人士的聚会、休闲场所，而“会所”的会员身份，也演变成财富的象征与身份标签。因此，集休闲娱乐、商务聚会、文化交流、健身美容、餐饮服务等内容为一体的、具有特定消费对象、较为私密性的私人俱乐部就是对“会所”的真实解读。

5.3.2　健身馆室内空间设计

当前我国健身体育运动已成为大众化的普及活动。在这些活动中，有的不需要特定的设备器械，有的则需要有不同形式的运动器械。健身房应设于接待处附近，使参观者不用进入健身器械室内就能看到其内部设施。健身房尽可能设落地玻璃窗，让健身者也能清楚地看到室外景观，以扩大空间。

健身馆集中放置以健身、健美为目的的各种锻炼设备，为人们提供进行健身运动的场所。

(1) 功能分析

练习室：以放置各类健身器械和进行健身运动为主要目的来布置平面。墙面或柱身设镜面，以便运动者观察自身动作。

休息座：应设休息座，以供运动过程中短暂休息，缓解疲劳。

服务台：应具有两种功能，即计时收费和供应饮料茶水。

更衣淋浴室：为正规健身房必备。淋浴室非休闲之用，仅提供冲淋去汗功能。

(2) 健身房的组成区域

① 伸展区。在健身中心近入口处设伸展区，给宾客作健身前的热身之用，墙身可装嵌一米高的镜子，以利于自赏。

② 心肺功能练习室（有氧训练）。心肺功能练习室主要用于设置健身自行车及台阶练习等心肺功能训练器材。这些器材要尽可能摆放于对着室外景观的地方。室内应装置空调设备、音乐系统及室内电视系统，并铺上软地毯。同时，设计时要在适当位置设电源插头。

③ 哑铃练习区。标准系列哑铃必须放置于健身房一角。欧美最新的哑铃练习区设观赏坐席，方便会员及来宾参观。

④ 健身舞室与精神放松练习室。最新设计的健身舞室要求地面用枫木铺设，内置音箱和广播喇叭箱及弹簧设备，使地台随着音乐节拍跳动。同时

要求配备标准的空调设备、墙身镜子、柔和灯光设备、高频音响设备、室内电视系统及饮水喷泉等。

⑤ 体能秩序训练室（无氧训练）。体能秩序训练室主要用于放置各种独立式或综合式、单功能或多功能力量训练器材。要求空间必须宽敞，符合潮流的设计是在适当地方放面镜子，而非全场装满镜子。

⑥ 体能测试中心。一个完善的健身中心，必须有体能测试设备，以便客人在运动之前，检查一下自己的身体，并安排适合的运动程序及难度。体能测试中心的仪器应有：身体成分测试仪、肺功能测试仪、心脏功能测试仪、身体柔软度测试仪、肌肉力量测试仪、血压测量器，以及身高、体重量度器等，并设小型电脑记录客人的活动及编印报告表。

（3）健身馆的辅助设施空间

健身馆的辅助设施空间包括宽敞舒适的更衣室，水量充沛的淋浴室、洗手间，桑拿房、蒸汽浴室，休息室及饮料供应处，按摩室、美容室及理发室，接待处，办公室及储物室等。

5.3.3 洗浴中心空间室内设计

（1）洗浴中心概述

单就洗浴而言，如今的洗浴也早已摆脱了传统洗浴的模式，在大一些的洗浴中心，往往会同时提供各式的桑拿按摩、日式三温暖足道、韩式石火健身、藏式药浴及东南亚水疗等多种多样的服务。

设计洗浴中心，一要认真研究顾客的行为规律，使顾客的活动线路自然而流畅。二要突出环境特色，使顾客在享受周到服务的同时，享受到赏心悦目的环境。与办公室、住宅等相比，洗浴中心在体现特色方面有很大的自由度，因为它不必受古典、现代等所谓的风格与流派的束缚。

（2）洗浴中心的基本构成及功能分析（图 5–7）

（3）洗浴中心的空间设计

① 接待大厅。这里会让顾客产生第一印象，应体现浴场的风格和特点，应有与浴场级别相当的面积和装饰。光线要充足，装饰要气派豪华，可以装设喷泉等水景。接待大厅还应方便与办公室的联系，应设置沙发和茶几以方便等候的顾客。

② 浴场大堂。浴场大堂是客人办理登记手续、休息的地方，应与换鞋区相连，客人换鞋后拿号牌即可入内。此处兼有收银的功能，顾客消费完依据号牌付款后即可拿鞋。浴场大堂必须以其宽敞的空间、华丽的装潢，营造出一种能有效感染客人的气氛。

③ 更衣室及衣物储存间。顾客在洗浴前要在更衣室及衣物储存间存放个人的衣物。这里应舒适、宽敞，有足够的存衣柜。女更衣室需要间隔和布帘。更衣室内不宜装设穿衣镜，可铺设地毯以免顾客直接踏在石料的地面上，也可设有吹头处（供洗完头的人用）。现在的更衣室多了些其他功能，比如说保险柜（存放贵重物品）与步话机服务等。

④ 洗浴区（湿区）的主要设施。这里是浴场的中心，里面分为淋浴（淋浴的基本配备为淋浴头、淋浴架等，高档场所均为电加热龙头）、池浴（有时候也分大小池及桶浴等）、干蒸（火山石加热升温，

图 5-7
桑拿健康中心流程图

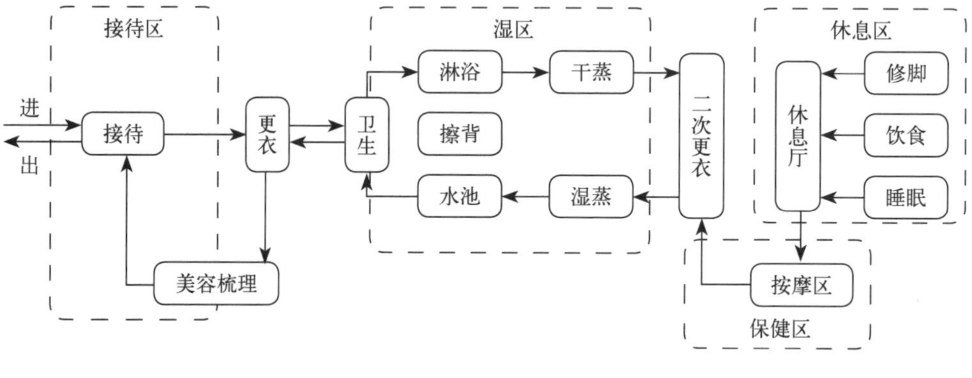

空气呈干热状态)、湿蒸(水蒸气加热升温)。更高级的地方配备了红外线及加热床等进口设备,不过不适合在公共场所使用。一般在洗浴区配备一两个按摩师或搓背师,并设有专门的搓背区。

⑤ 卫生间。里面设1～2个大便器、小便器及其他基本设施,如干手器、空气清新机等。卫生间应与更衣室和降温室相通以方便使用。

⑥ 二次更衣室。此区域是洗浴完成的一个区域,是通往休息区的唯一通道。里面配备有专用睡衣、浴巾、干身器、洗脸台、镜子,电吹风机、吹头处及化妆处(女宾)。它应与一次更衣室和出口紧紧相连。

⑦ 休息区。根据浴场规模可设置舒适的休息椅、按摩椅、电视、个人使用的耳机音响和阅读角等。此区的面积最大,与洗浴区一般成2∶1的比例。休息区又分大厅休息区与包房休息区,应设有吧台和库房,以方便酒水的供应。布局时尽量避免冲突,在休息区一定要严格按消防规定来布置安全出口。

现在的休息区多了些其他的功能,娱乐性的项目基本上都可以设在休息区里面,有的地方还提供了客房。

⑧ 美容美发室。提供洗浴后的形象打理服务。

⑨ 酒吧及餐厅。提供饮料、酒水、餐饮等服务。

⑩ 储藏室。用于储藏毛巾、浴衣和浴室用品等。

⑪ 洗衣房。自设洗衣房设备,可节约运行费用,但占用一定的建筑面积。

⑫ 按摩室和治疗室。一般浴场都附设按摩室,也可根据情况设置足疗室、水疗室等。按摩室的灯光设备应设在墙上,光线向上。照明设备切忌安装在天花板上。冷空气不应直接吹在按摩床上。

⑬ 贵宾房。贵宾房的布置其实就是把整个洗浴设备缩小至一个房间里。有淋浴室,按摩浴缸、干蒸室,湿蒸室、按摩室、卫生间等。根据面积的大小,设备有一定增减。VIP的贵宾房还可设置会客区、舞池区、棋牌区、客房等。贵宾房有单独的通道,顾客可直接从入口直达贵宾房。

⑭ 设备机房。设备机房应尽量靠近水力按摩浴池,以减少管道长度。设备机房内安放循环水处理系统、加热系统等设备以及阀门、电控箱等其他附件。

⑮ 办公室。办公室的环境要安静,光线要充足。空气要流通。尽量与顾客流线不要有交叉。

⑯ 其他。根据浴场的规模和预定的经营内容,可设置乒乓球室、台球室、沙弧球室、麻将棋牌室、健身房、儿童游乐室、日光浴室、游泳池、餐厅等。

5.3.4 棋牌室空间室内设计

棋牌室是休闲娱乐性的空间,人的注意力主要集中在桌上,整体空间处理应以简洁、宁静为原则。为避免声音互相干扰,隔墙应进行隔音处理。桌椅的尺寸不要过于局促,以免造成紧迫感。室内的装饰设计要选用视觉感觉平和的材料,形成沉静的气氛。

棋牌室以一张棋牌桌、四张椅子为一个基本单元。基本单元重复排列,相互组合形成主要活动区域。收银台、饮料柜、休息椅、卫生间等仅为提供必要的服务而围绕主要活动区配置。

为避免单元与单元之间声音、视线的互相干扰,可设置隔断。隔断位置及高度以不影响活动和避免视线干扰为宜。

棋牌室的经营形式有独立经营,也有附设于其他娱乐场所的。其装修档次有较大幅度的变化,装饰风格也有较大的差异。高档的棋牌室追求豪华的风格,充满华贵的品味。大众化的棋牌室,则要表现出轻松明快的气氛。单独设立包房的,每间包房的场地实际使用面积在8平方米以上,且每张棋牌桌占地面积不少于6平方米。

5.3.5 网吧空间室内设计

(1)网吧的分类

纯网吧:纯网吧仅提供上网服务。

综合网吧:除了上网服务外,还提供其他的娱乐或者消遣项目。例如酒吧等。

网吧各组成区域:

① 吧台。吧台是网吧的服务中心,顾客的所有活动都要从吧台开始。吧台不需过于豪华、宏大,

但可透露出它独有的气派。吧台的对面可以放冷柜，里面放置各类绿茶、红茶、花茶，咖啡等饮料，并有专人服务，来满足顾客不同的需要。

② 走廊。在网吧里主要有两个不同的区域，即上网区和竞技区。在中间设置走廊，在走廊里摆放沙发卡座，并可提供挂壁式电视，及常见的报刊、杂志等。还可提供网线接头，免费为自带手提电脑的朋友提供温馨服务。走廊两侧可摆设新鲜花草、鱼缸，成为网友们休息，休闲娱乐的好天地。

③ 竞技区。整齐的竞技区成为玩家们的首选，后面可留有宽敞的位置方便围观者呐喊助威。玩游戏的、看电影的、网聊的、学习的都可以找到适合自己的区域，享受上网的乐趣。

竞技休闲厅内设有个人空间单座、双座。一流的机器配置，高清晰度摄像头，舒适沙发，液晶显示器，上网环境非常惬意。还可设有竞技舞台，网吧上下两层能同时容纳百人，有竞技战队比赛时，不但便于观赏，还适合转播。

④ 休闲区。休闲区可设网友咖啡厅，格子间的设计，环境幽雅、温馨。每个餐桌上都可配有电脑，可以一边享受美味可口的餐点、咖啡饮料，一边享受上网冲浪的乐趣。休闲区还可放有供客人免费翻阅的各种杂志，让客人真正体会到网吧的乐趣。

⑤ 影视区。影视区内设有封闭式情侣卡座、个性专区。配有高清晰度摄像头，最新电影大片免费在线播放，还有丰富多彩的电视剧以及综艺、体育节目等。

⑥ 商务区。商务区提供各种增值服务，包括打印、复印、扫描、刻录、传真、网页制作、IP 电话、点卡销售、数码影像（给网友数码照相、数码摄像）等服务。

⑦ 学习区。学习区的环境安静、优雅、舒适。安装有各种学习、办公软件。让学生和求知者享用互联网带来的最新知识。

⑧ VIP 包厢。一流的机器配置、豪华舒适的沙发、规范化西式服务给您带来超级娱乐享受。300 寸超大背投电视，随时播放各种精彩 MTV 和各种游戏比赛录像，是热爱竞技游戏玩家的首选消费地。

⑨ 贵宾区。贵宾区充分利用网吧里的商务特点，是网友们商务洽谈、朋友聚会、网友见面、游戏玩家交流、游戏发布推广的理想选择地。贵宾区内设有卡拉 OK 厅、舒适包厢，机器配置一流。提供中西餐、咖啡等。

5.4 休闲娱乐空间照明

现代休闲娱乐场所其基本属性首先是一种社交场所，是一种休闲场所，它注重的是环境和气氛的营造，所以它更注重的是辅助照明和装饰照明。

在休闲娱乐场所照明设计强调装饰照明的同时，也绝不能忽视照明的功能性要求，大堂、走廊、楼梯等公共区域照度要保证，灯光搭配中防止眩光的产生。

休闲娱乐场所是一种公共场所也往往是人员聚集的场所，公共安全的考虑也至关重要，首先消防要求的安全照明规定必须保证，其次从公共区域用电的安全性考虑，如一些 LED 照明场所尽可能采用低压类。既保证安全，又能保证产品的稳定性延长寿命。

思考题

1. 谈谈你对营造不同内容娱乐空间环境气氛的理解。
2. 谈谈你对不同内容娱乐空间功能类型的各自特色。
3. 根据娱乐空间的不同功能要求，选一相应的课题进行空间设计。

第6章
酒店空间

6.1 概述

6.1.1 酒店的产生与发展

酒店，老话叫做旅店、旅社。古已有之。酒店是来宾住宿就餐的地方，也称旅馆、饭店、宾馆等。在我国星级酒店评定标准中，以夜为时间单位向客人提供配有餐饮及相关服务的住宿设施并按不同习惯被称为酒店、旅馆、旅社、宾舍、度假村、俱乐部、大厦、中心等。这些名称本身也表明酒店业发展的历史足迹以及酒店的档次和服务级别。

酒店建筑是人类文明史上出现较早的建筑类型。中国也是世界上最早出现酒店的国家，《论语》里提到的“逆旅”以及后来的“驿站”，就是酒店建筑早期的例子。若从英国公元1400年左右出现的酒店雏形——客栈算起，已有600年发展历程。酒店室内设计是一项动态的系统工程，酒店室内设计的整体系统包括功能规划设计、风格定位、装修设计、照明设计、家具设计、布艺与艺术品陈设、景观设计、标识系统设计等多项内容。

第二次世界大战后，国际上逐渐产生了一些专门从事酒店室内设计的公司，由建筑师、室内设计师、酒店管理专家、财务专家，甚至一些艺术家合作组成。他们长期为大型跨国酒店提供设计服务。积累了丰富经验，建立了极好的声誉。他们不是单纯意义上的建筑师或室内设计师，而是真正的“酒店专家”，是把酒店的功能、文化和环境完美结合、融会贯通的能手。酒店设计师既要熟悉酒店流程又要熟悉酒店经营，还要了解酒店的客人。酒店设施要处处方便客人，而功能设置又要处处方便管理；酒店要有深层的文化内涵，靠文化感染力去吸引客人；要预见到不同客人的不同需要，甚至是个性化的需要，如民居旅馆、老年健康旅馆、情人旅馆、青年旅馆、城市商务公寓等。

6.1.2 旅客消费的心理分析

酒店设计的发展，使人们更加重视研究旅客的旅游与消费心理、研究其心理过程和心理特征，使它们从物质范畴跨入人情与心理领域。这项研究是当今酒店空间室内设计非常重要的依据。

图 6-1
度假型酒店

酒店的服务对象——宾客，虽来自四面八方，有不同的要求和目的，例如：商务考察、会议交流、回乡寻根、旅游观光等，从旅客的旅游与消费心理分析，大家的共同心态体现在以下几方面：

① 欣赏名胜与自然景观；

② 调节紧张心理；

③ 增进知识、开阔眼界；

④ 怀旧感和乡情观念。

根据宾客的这些特有心态，酒店空间室内设计，应特别强调下列几点：

- 充分反映酒店当地历史、自然和人文特色；
- 重视民族风格、乡土文化的表现；
- 创造返璞归真、回归自然的环境；
- 建立充满人情味以及思古之幽情的情调；
- 创建能留下深刻记忆和让人难忘的酒店建筑与室内设计品格。

酒店为客人实现了文化价值观和生活方式的延伸。不同时期的酒店代表了当时社会的文明程度，代表了一个国家物质文化的潮流和水准，酒店的发展代表了人类对文明的一种追求。酒店室内设计不是跟随时尚，而应是创造时尚。酒店室内设计应让客人步入大门时就感受到温暖、舒适、松弛和倍受欢迎的氛围，满足客人的期待，给客人留下深刻印象。

6.2　酒店的分类、等级与规模

6.2.1　酒店类型

近年来，中国酒店业的外部环境和客源结构发生了较大变化，酒店自身按不同客源类型和消费层次所作的市场定位和分工也进一步细化，已形成多种业态形式。来自世界各地的宾客有不同的传统观念、不同的生活习惯和生活方式、不同的民族意识和宗教信仰，要求各有不同及各有侧重，酒店设计要满足客人们的不同需要。不同的市场环境与需求也需要不同的酒店类型。

2007年中国酒店业研究咨询报告中将酒店进行如下划分：

按客户需求划分：商务型酒店、经济型酒店、会议／会展型酒店、旅游度假型酒店、青年旅舍、公寓式酒店。

新的酒店类型：分时度假型酒店、产权式酒店。

其他类型：公路和汽车旅馆、机场酒店、主题酒店、精品酒店与设计酒店等。

（1）商务型酒店

根据2007年中国酒店行业研究咨询报告，商务客源仍是酒店需求的主体，在五星、四星、三星和经济型酒店总需求中所占的比例分别为48%、49%、40%和46%。总体上看，酒店客人中商务客人约占50%，旅游客人约占12%，会议客人约占11%，散客为12%。旅游客人不再是酒店主要的收入客源，国内一些知名品牌如王府饭店、新世纪酒店、香格里拉酒店等已开始从单一的旅游酒店定位转向商务酒店或会议酒店。

商务酒店特点：应选择方便客人进行各种商务活动的地点，要有便利的交通、醒目的位置，周边商业配套设施也要齐备。商务型酒店主要为从事商务活动的客人服务，需要有较多的商业办公设施。如办公桌、椅、双线电话、互联网接口、传真机等设施；客房中可安排具有商务功能的套房，有利于办公使用。有些商务酒店要增加商务楼层、会议区、洽谈区及一些相关设施。有的商务酒店周边有餐厅、购物中心、写字楼等设施。商务酒店外部设计、内部装修，以及提供的通讯工具、适合会务的场地，都应充分体现现代商务高效、快捷的内涵。酒店要既能接待小型会议也能接待大型会议，有一个或多个多功能厅，24小时全天候办公，有较强的服务能力；此外还应有中、西式餐厅，商店，健身房，游泳池等配套生活设施。

（2）经济型酒店

经济型酒店，也叫有限服务型酒店，是软硬件标准达到或接近一、二、三星级酒店（部分较高级三星级酒店除外）。经济型酒店基本上以客房为主，只提供小型餐厅等基本配套设施，有的只有一个自助区域作餐厅，没有很多公共经营区。客房并不比星级酒店的标准配置差，其硬件设施应属中档水平。

中国经济型酒店标准间价格一般在 100 ～ 200 元／天，国际上高星级酒店与经济型酒店的数量比例为 3 : 7。

中国城市居民对于旅游度假越来越重视，休闲旅行的消费比例在总体开支中所占的比例越来越大。但并非所有游客都选择星级酒店，大部分旅客青睐清洁、廉价、提供基本服务的酒店，贴近大众消费阶层的经济型酒店正成为新的投资热点。经济型酒店本身的类型也是多种多样的，如商务型、会议型、招待型、旅游度假型等。人们个性化消费趋势越来越明显，为经济型酒店的发展模式提供了多种选择。经济型酒店的特色服务在未来酒店业发展中拥有较大的成长空间。

（3）会议酒店

会议、会展经济是西方较早提出的产业经济概念之一。国际会议、会展的举办，将极大地提升地区或城市知名度，促进当地与外界的技术贸易交流与合作，直接拉动当地的旅游业，酒店业，交通业等方面的发展。

会议、展览和贸易性的博览会是现代大城市重要的商务活动区域。举办国际会议的酒店一般位于城市中心交通便捷之处，且有一定数量设备先进的大小会议厅，展览厅，还有国际水平的客房和服务。21 世纪以来，全球会展经济的迅速发展，许多国家的大城市都在努力打造“会展城市”的形象。在城市中心兴建建筑群组，包括酒店、办公、公寓、会议、展览、商场等内容，规模逐步加大并成为城市设计的一部分，而群体形象中，令人瞩目的往往是高层的会展中心区酒店。会展酒店在规划设计与配套上，通常与展览、展示厅的建筑组群相联系，互有依托，它们之间的距离通常应该在 500 米左右并将各功能连在一起。它们区别于其他酒店的是有宽阔的展览场地以及宽阔的多功能大厅（2500 ～ 3000 平方米），其多功能厅、会议厅却配置先进的音响、灯光设施，同声传译设备和灵活的分隔设施，以备展示、研讨所需的多功能使用这些酒店同时还具备宽敞的接待前厅，充足的客房。便利合理的会议及酒店的出入口设计，横向和竖向人流、物流交通设计以及充足的停车和货物装卸场地。

（4）旅游度假型酒店

旅游度假酒店大多建在风光秀丽的旅游度假胜地。如海滨、温泉、名山、草原、沙漠等地区；外部设计、园林规划、内部装修充分体现地域特色，集休闲、娱乐于一体。同时，度假型酒店也能提供相应的会议设施、美食和各种代表地方和季节特色的活动。如滑雪、溜冰、冲浪、划艇、温泉疗养、高尔夫球、网球、骑马与沙漠探险都是人们度假的热门选择。

图 6-2
贵宾接待厅

图 6-3
中餐厅

图 6-4
大厅的壁炉是最具有象征意义的，创造了舒适的环境，家具都是定做的，在黑色与金色相混合的地毯上摆放着白色皮革沙发。地毯上装饰图案的灵感源于字母F。

度假酒店与商务酒店的不同在于，商务酒店更关注室内设施及功能。而度假酒店更在乎室外景观、人文资源，以及别致浪漫的情调与品位享受，与大自然的和谐共处是旅游度假酒店的宗旨。酒店周围多是具有鲜明地区特色、充满丰富历史文化内涵的自然风景区或城市观光区。

度假酒店为了营造人与自然更为亲密的空间氛围，会采取一些强制性措施而保护当地自然和人文景观不受破坏采用分散式或庭院式布局。建筑多为低层或多层，建筑或建筑群的入口连接城市通道，另一端自然地融入到大自然景区中。内部流线设计上尽可能遵循大的原则，充分体现景观价值。有的设计很有特色，如与客房之间开窗连通或做半室外的效果。在热带地区由于气候条件良好，度假酒店建筑常采用开敞或半开敞形式，使室内与室外融合，达到天人合一的境界。

(5) 青年旅舍

青年旅舍，是国际通行的以提供自助式食宿为主要服务内容、以青年为主要服务对象的旅行者之家。“背包族”更喜欢把它叫做“五星级DIY酒店”或是“服务最不周到的旅馆”。世界各地的青年旅馆多规定26岁以下者有优先入住权。国际青年旅馆是最出名的一个国际性的组织，总部设在英国伦敦。主要为青年学生、背包客及各类旅游者提供住宿、旅游等资讯。提供廉价、干净、清洁、安全、自助的住宿条件及学习、交流机会。一般一个床位的费用相当于三星级酒店单人房间市价的1/4 ~ 1/10。只有经过严格审查并得到许可，交纳了年费的旅馆才能加盟这个组织，只有加盟旅馆才能使用国际青年旅舍的名称及标志。

青年旅舍的房间类型较多，除标准双人间、3人间外，还提供普通双人间、4人间、6人间、8人间、10人间的住宿，也有单人间、夫妻房等。青年旅馆提供的服务分免费及有偿两类。免费的有淋浴、图书阅览、自助洗衣、自助厨房、旅游咨询、大件行李寄存等，有偿的有旅游参团、火车票预订、上网、中西式餐饮、咖啡、酒吧、小型售卖部、电子保险箱、自行车租赁、国际会员申请等。

(6) 公寓式酒店

公寓式酒店，就是公寓形式的酒店，为长住客人服务，和酒店式公寓一样，它出现的时间不长，但市场潜力巨大。其特点一是类似公寓，拥有居家的格局和良好的居住功能。客厅、卧室、厨房和卫生间，一应俱全。二是配有全套家具电器，为客人提供酒店的专业服务，如打扫、床单更换及一些商业服务等。与其他酒店相比，在客房原有使用功能上增加了自助厨房，便于客人自助餐饮。有的房间里还有办公设备及供小孩游戏的设施，适合于长年租住或家庭型客人，使客人能充

图 6-5
度假酒店大厅

图 6-6
度假酒店客房

分享受家庭之乐。酒店客房不仅是“睡觉的地方”，而且是居住的空间。

公寓式酒店既有公寓的私密性和居住氛围，又有酒店的良好环境和专业服务。四星级以上的公寓式酒店提供的服务更为周到。

（7）**分时度假型酒店**

分时度假酒店，就是将度假酒店或度假村某一个房间或别墅的使用权以周为时段单位分段销售给客户，按 52 周划分，使用的期限可以是 20 年、30 年甚至更长。

分时度假酒店起源于 20 世纪 60 年代欧洲，加入分时度假网络的酒店多是当地标志性酒店。分时度假酒店室内设计突出家庭气氛，一般配有厨房、大起居室和独立卧室，还会根据客人在度假、社交、商务接待等方面的要求提供个性化服务，在房型和结构设计上不断改进，满足消费者的需求。内部设计较为豪华，家具一应俱全，浴室内有浴盆和宽敞的更衣室，卧室内有整套休闲家具。

（8）**产权式酒店**

产权式酒店，即买断酒店房间的产权而不仅是时段。起源于 20 世纪 70 年代的欧美国家，开发商将酒店的每间客房分割成独立产权出售给投资者，投资者一般不在酒店居住，而是将客房委托酒店管理公司统一出租经营获取年度利润分红，同时获赠一定期限免费入住权，投资人闲暇时可住在酒店享受服务。这是投资者能同时获得休闲与收益的新型模式。

（9）**其他酒店类型**

① 酒店式公寓。酒店式公寓作为酒店的衍生品，是指提供酒店式管理服务的公寓。吸收了星级酒店的服务功能和管理模式，除了提供传统酒店的各项服务，更重要的是向住客提供家庭式居住布局、家居式服务，真正实现宾至如归。它比传统酒店更多了家的味道，又吸收了信息时代写字楼的特点，拥有良好的通讯条件，可有针对性地提供秘书、信息、翻译等商务服务，综合性很强。集住宅、酒店、会所等多种功能于一体。

② 公路旅馆（汽车旅馆）。公路旅馆依托交通流量大的道路及高速公路，为过往客人提供短暂的住宿服务，尤其为长途驾车的司机解决食宿、修理、物资补充问题。

③ 主题酒店。所谓“主题”，是指根据历史典故、民间传说、童话或卡通题材编撰的故事，酒店所处的城市、景区的文化特征和自然地理特征进行选择，把人们关注的“热点”作为“主题”，以此作为酒店的文化定位。从这主题中挖掘尽可能多的创作素材、设计元素和艺术符号，进行“娱乐”项目设计。通过组织和规划，把“娱乐”元素贯穿到

酒店的各个经营空间和经营理念中，主题娱乐酒店主要接待光顾游乐场、度假村的客人。

主题酒店强调整体的主题化，从硬件到软件的设计与组合围绕统一的主题展开。各功能区、各服务细节能为深化和展示同一主题服务。围绕同一核心内涵，利用酒店的全部空间和服务来营造一种无所不在的主题文化氛围。

④ 精品酒店与设计酒店。精品酒店一般房间的数量比较少，通常少于100个房间。一般没有餐厅或者只有一个，其他设施如会议中心，商务设施等都不如传统酒店那么多，比较有限。精品酒店要被客人承认、接受直至敬佩，要有让客人无法忘却、印象极深的特征。这个特征是别人无法模仿、独一无二的。精品酒店主要以客房为主，以设计的文化、风格、个性为主，比较强调地区文化，追求特别的感觉。

设计酒店是一个全新的概念，目前没有最终定义。设计酒店与日益流行的精品酒店在规模和形式上有些雷同，也有把“设计酒店”与“精品酒店”等同的说法。事实上，两者都比较注重设计元素，设计酒店更是把设计师作为主要卖点。精品酒店更注重家具陈列和细致的服务，着重于营造有品位的高雅氛围；而设计酒店则突出原创性、个性化和创新思想，由外及内地渗透设计理念。推陈出新的概念是设计酒店最受关注的特色，并让概念贯穿于设计的每个细节，赋予每一设计元素鲜明而独特的个性特征，使酒店成为一个经过严谨、周密而精心包装的统一体。设计酒店透视出设计的前沿动态，包含艺术界、设计界、时尚界甚至社会学者们跨领域的思想交流与探索，以及对新材料、新技术的研究和应用等。

⑤ 机场酒店。机场酒店依据机场的性质、规模以及所在城市的地理位置、气候、交通等多重因素而定位。而建设在枢纽型机场的酒店。机场酒店不仅是机场的重要组成部分之一，而且是与机场关系最为紧密的、标志性作用也最为明显的重要配套设施。国际上大型枢纽型机场的酒店几乎无一不是高级商务酒店。机场酒店首先具有接待大量商务或国际会议需求的功能，并为商旅散客提供便捷、舒适的国际和城际间转机住宿休息和短时间会议、会晤的条件；其次也为普通周转旅客、误机旅客以及机组人员提供优质服务。

6.2.2 酒店的等级

国际上常按酒店的环境、规模、建筑、设备、设施、装修、服务项目与质量，管理水平等条件划分等级，逐渐形成较统一的等级标准。酒店星级制是较通行的划分方法，星越多，级别越高。酒店饭店等级一般分五等，即一星、二星、三星、四星、五星酒店。

中国现代意义上的五星级酒店是1984年6月才诞生的。第一家按照国际五星级标准建造的酒店是中外合资北京长城饭店。截至2006年底，有37个国际饭店管理集团的60个饭店品牌进入中国。全国星级酒店总数达到13378家。其中五星级酒店298家，四星级酒店1400家，三星级酒店4993家，二星级酒店6027家，一星级酒店660家。

随着酒店业的迅速发展，风格各异而且更具创新精神的酒店层出不穷。为了充分发挥投资效益，适应不同消费层次的旅客的需要，许多旅游业发达的国家把酒店等级制度作为划分市场、管理控制的重要手段之一。使酒店的经营与旅客都有了明确的选择，酒店室内设计也有了依据。酒店星级的划分具体的评定办法，按照国家旅游局颁发的《旅游涉外饭店星级的划分及评定》、国家标准以及设施设备评定标准、设施设备的维修保养评定标准、清洁卫生评定标准、宾客意见评定标准等执行。

6.3 酒店不同区域的空间设计

酒店公共空间包括：门厅、大堂、会议室、多功能厅、餐厅、商场、舞厅、美容、健身、娱乐等供旅客使用的场所，是酒店空间设计的重要组成部分。随着经济的发展，生活水平的提高，人们对酒店的要求以从单纯追求舒适的住宿条件，逐步向满足精神和心理的需求转变。这给酒店的室内设计师们提出了更高的要求。

6.3.1 酒店功能分析

无论是纯商务性酒店还是旅游性酒店，是旅游胜地酒店还是城市休闲度假酒店。要分析酒店所处地的地理位置、经济环境、自然环境、历史文化因素，分析入住酒店的客源情况及各类客人占总人数的比例。客源的不同，对酒店的功能要求、空间使用以及设施安排的要求也不同。酒店设计不能沿袭过去的传统设计模式，设计要符合不同类型客人的需要，使客人与酒店环境之间自然而然产生一种亲切交流。来自世界各地的客人，有不同的传统观念，不同的生活习惯和方式，不同的民族意识和宗教信仰，对酒店要求各有不同、各有侧重。如何满足客人们的不同需要，是酒店设计要充分重视的。

（1）酒店类空间的内部区域一般可分为大堂、酒店活动区、客房或包房区、餐饮区、操作区、服务管理区、设施设备区等。

（2）大型酒店的详细功能分区

除了酒店功能的基本组成部分，设计也是酒店室内空间必须考虑的部分。酒店的功能既要满足客人在酒店内食、宿、娱、购、行的各种行为，也要为酒店经营者服务，保证酒店管理方的各种行为顺利进行。

酒店内部空间的使用一般分三个主要功能区域：公共功能区、客房功能区和内部管理功能区。每一功能区又划分出不同的功能空间，这些空间既要划分明确，又要有机联系。公共功能区有众多功能，又可分为公共活动区、餐饮区、会议和展览区、健身娱乐区等。各部分面积指标由市场定位、投资规模、经营方式和客房数量来综合确定。客房与公共区域所占的比例应充分考虑未来经营与收益。如会议性酒店既要安排大会议中心，也要安排中、小型会议室，并根据会议接待人数安排好就餐的大、中、小型餐厅。以旅游休闲为主的度假酒店，不仅要有健身、休闲、娱乐活动等设施，餐饮及旅游项目的安排也要考虑。

酒店合理的功能布局，首先是各部分区域的划分要恰当，功能划分中应根据不同的市场定位，各种空间在酒店所处位置及面积、比例的不同，绘出功能示意图，进行流线组织和空间分隔。酒店空间的分隔首先是结构分隔，即根据使用功能的需要，运用墙、柱、隔断划分空间。软性分隔方式即利用室内陈设、家具、植物等对空间进行规划也很常用。用家具分隔空间，能使家具显示多种功能，是一种常用方式，运用灯光、色彩、屏风和绿化进行分隔会更生动，更具装饰性。

酒店的功能布局设计，应遵循的原则是：整体的合理性，清晰的导向性，经营策略的明确性。酒店功能项目组成可分为：

① 接待服务：包括总服务台、大堂办公室、礼宾服务处、大堂副经理室、客务关系主任室、行李寄存房、贵重物品保管房等。总服务台是整个酒店的服务中枢，提供预定、问讯、接待、收银、货币兑换等服务。

② 公共服务：由大堂休息区、公共卫生间、公用电话区、电梯、电梯厅等组成。

③ 经营服务：酒店的规模不同，项目也有所不同，一般由商务中心、大堂吧、各类商店、订票处、银行、航空公司、旅行社、美容美发厅等组成。

④ 后台服务：消防指挥中心、员工电梯、员工通道等。

就经营角度，酒店设计的各功能区域，必须按一定的比例进行配套，即：客房区、公共区、设备后勤交通区。据专家分析，大中城市的三、四星级酒店的最佳客房数量应该是 300 ～ 350 间，这样的规模水平易于经营管理，易于平衡收支，也有利于投资回报。不同的地区、不同类型的酒店，面积比例可能有所变化。如：会议型、度假型和娱乐型酒店，由于等级水平及豪华程度不同，公共空间所占比例较大，而各种功能区域所占比例也会有所变化。美国酒店（酒店）的功能划分参看表（表 6-1）：

表 6-1　美国酒店各种功能区所占比例表

类型	客房面积比例（%）	公共经营区面积比例（%）	其他设施和交通面积比例（%）
会议型酒店	44	22	34
娱乐型酒店	45	25	30
度假型酒店	45	25	30
普通商务酒店	62	14	24

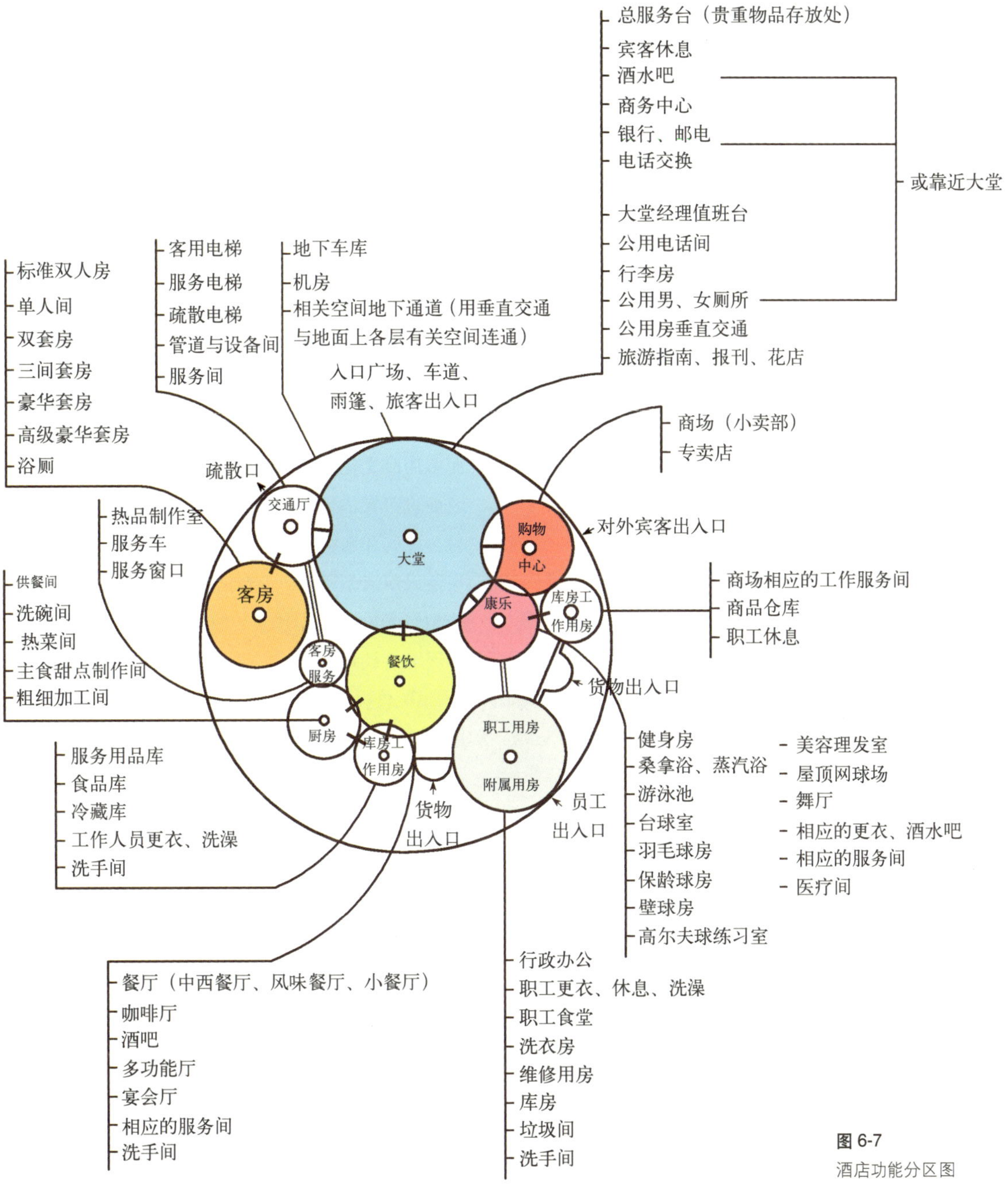

图 6-7
酒店功能分区图

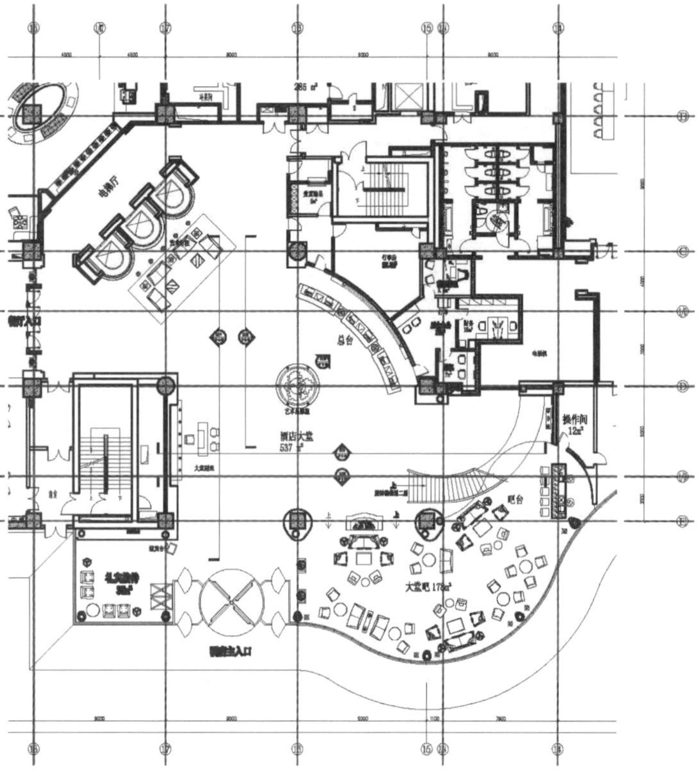

图 6-8
酒店大堂平面图

6.3.2 公共空间

（1）酒店的入口区域设计

酒店入口区域是指位于酒店建筑的入口，这是酒店的“门脸”，是内外空间交界处，体现酒店文化和酒店服务的重要内容之一，是客人对酒店的第一印象。不同的酒店入口区域面积、体量虽各有大小，但在设计上却是重点。要做到美观与功能兼顾，利于通行；便于车流、客流、行李进出；防风遮雨，减少空调空气外逸。在明显的位置安装的酒店徽标和店名文字组合。以显示酒店独特的文化特色。还应有利室内与室外的交流，将室外景观引入门厅，又把室内气氛推向室外，特别是夜间的入口灯光设计有很强的标识性。有条件的酒店可与广场、停车场、艺术雕塑、景观、绿化、花池、标识系统、室外照明等系统的设计一并考虑。

（2）大堂设计

大堂的设计又分为接待服务项目功能空间、文化主题定位及空间风格营造。功能布局中要注意：

① 动静的区域划分：大堂公共活动区域一般集中于酒店首层的中央区，且各服务功能也相对较为密集，设计上要留有足够的面积，把相对私密的空间引向周围，并对接待区、休闲区等进行动静区域划分，有利于人流、物流（特别是旅行团旅客的行李）的集散，减少影响经营服务的流线。以便客人能够安静、有条不紊地办理各种手续，悠闲地休息、购物及欣赏酒店的装饰。

② 明确的人流和物流设计：旅客住店的基本流程是，进入酒店，住房登记、确认，安排行李或短暂休息。进入电梯或楼梯，入住客房。旅客离店的程序与此相反，形成环形流线。因此，相关功能、位置的设计应该符合这样的流程。

③ 确立酒店标准及界面设计：酒店大堂等公共空间是酒店的窗口，是宾客出入酒店的必经之地，环境的好坏和气氛直接影响整个酒店的形象。故酒店大堂等公共空间面积、体量的大小，都要符合酒店的星级及文化定位；在设计投入、资金投入上应作为重点，并通过材料的运用，巧妙的装修，集中展现酒店档次与标准。大堂及公共范围服务区，地面多用磨光花岗石和大理石铺装，小型酒店大堂的地面也可铺满地毯或使用优质木材；墙面也多用石材、瓷砖和木材，偶尔也用玻璃等。大堂的墙面往往还采用大型壁画、浮雕或挂毯装饰，并配合天花造型灯光处理，体现文化特色，提升酒店的形象，体现酒店星级。

④ 总服务台，也称总台：一般设在酒店入口附近大堂较明显的地方，或大堂中间的醒目位置。它是客人问询、登记、结账和保管贵重物品的地方。总台的主要设备有：房间状况控制盘、留言及钥匙存放架、保险箱、资料架等。总服务台的设计，依据酒店大堂的不同空间，配合服务台背景墙（如装饰造型、壁画、挂饰或名称标志等），因地制宜进行规划处理，并采取较为高档的装饰材料，如石材、皮革、玻璃等，并配以灯具或灯槽，突出大堂的视觉焦点。而在服务台的结构设计上，一般有两种类型，一种是传统的外高内低的双层柜台式，即站式（外台高 1.05 ~ 1.15 米，内台高 0.7 ~ 0.8 米），客人需站着办理手续；另一种是桌台式服务台，即坐

式（台高 0.7 ~ 0.8 米），特点是客人和服务员内外对坐办理手续。后一种服务台由于双方都能坐下，便于交流，也可解除客人的疲劳，体现亲切、平等的气氛，近年采用日见增多。服务台的长度可按酒店的规模计算，通常每 50 ~ 80 间客房为一个单元，每个单元的宽度可以控制在 1.8 米左右。服务台的后面或附近，应有一部分办公用房和附属用房，包括财务室、值班休息室、贵重物品保管室等。

⑤ 大堂副经理办公室：多布置在大堂一角，处理前厅事务、突发事件的地方。大堂副经理办公室一般设在大堂一角，而大堂副经理台则要在视觉中心区布置，一般在大堂中央进门偏左一点。它应该位于易见易找的位置，但又不要影响旅客的进出及行李的搬运。值班台的基本家具是一台三椅，台前的两椅是供顾客使用的。

⑥ 大堂休息区：作为入住酒店的客人临时休息和临时会客、结账、等候等使用。常选择靠近入口，方便登记、有良好的环境，是相对僻静不受干扰的区域。大部分休息区设计在大堂的一角或靠墙处，也有一些休息区安排于大堂的中央，由花槽、沙发等围合成一个相对独立的区域，这种休息区适用于面积较大的大堂，否则，有可能影响人、物流的集散交通。休息区的设计，可用栏杆、绿化等隔断与大厅的交通流线分隔，也可以提高或降低地坪标高，使其相对的独立。休息区的规模及沙发组数依据酒店的规模及具体的空间而定。

⑦ 钢琴、公用电话、宣传资料的设施：大多数大型酒店为了吸引公众眼光，创造独特豪华的氛围，常常会刻意扩大酒店大堂的空间。并在大堂的显眼位置或结合大堂吧摆放钢琴，使客人心情愉悦并对酒店的服务产生信心。大堂公用电话包括磁卡电话和内线直拨电话，分为敞开式和封闭式，通常设在大堂主流程之外较隐蔽和安静的位置。大堂还具有商业销售和宣传功能，可以在客人的交通流线边放置宣传资料，一般不必另外占用面积，但不能随意摆放。如：酒店管理公司的形象宣传、当地艺术活动、历史文化景点、博物馆、会议展览以及城市餐饮休闲场所的信息等。

⑧ 大堂吧、咖啡厅、商务中心、商店：一般酒店均设有供应酒水、咖啡、饮料及点心的咖啡厅（或酒吧），为旅客提供宜人的休息、消遣、会客交谈的场所，它附属于大堂设置，也称大堂吧。

大堂吧的组成多以花台、植物、栏杆、照明等或采用不同的标高，与大堂其他公共空间作虚拟间隔；而另一种设置，咖啡厅（或酒吧）是一个完全独立的空间，通过走廊、通道或过厅与大堂相连。前一种设置，多配合大堂整体进行设计，起到活跃大堂气氛的效果；后一种设置，相对独立、安静，且往往面积稍大，并设有舞池、乐台等，适于交友、洽谈商务等活动，多设置于规模较大的酒店。

商务中心是酒店大堂中的另一个独立的功能区域。业务为票务、打印、传真、复印、旅游及租车等，应配套与服务项目相应的设备及办公桌椅。在规划

图 6-9
天伦酒店走廊

图 6-10
该酒店多功能厅承接各种大型活动，并可灵活开闭的软性隔断根据需要随时调整之间尺度。浅色石材与深色木饰面强烈的对比，力求营造历史韵味。大量镜面的使用，使空间更灵活现代。

及装饰风格设计上，同样要服从酒店的整体布局与效果。商务中心常设置于大堂的边缘位置，与大堂交通主流程分离，但又要比较容易被客人看到。多用玻璃隔断，装修可按一般办公空间设计要求。

酒店中设置的商店多是为方便旅客的小型小卖部，经营书刊、日用品、食品、鲜花和旅游纪念品的业务。由于酒店的档次，地理位置及规模不同，要求也不一样。它可以占用大堂的一角，用柜台围合出一个区域，内部设商品的展柜，也可在大堂之内，专门辟出一个区域，作商店独立设计；而大型酒店，多附带有多家品牌名店，如鲜花店、书店、服装店、土特产店等。并通过走廊、过厅与酒店大堂相连通，它实际上就是一个大型附属商场，其室内设计与一般商场相同，但必须注意其档次与酒店的级别标准相适应。

（3）餐厅、宴会厅与多功能厅

设计原则如下：

① 餐厅的面积一般以 1.85 平方米 / 座计算，指标过小，会造成拥挤，指标过宽，易增加工作人员的劳作活动时间和精力。

② 顾客就餐活动路线和供应路线应避免交叉。送饭菜和收碗碟出入也宜分开。

③ 中、西餐室或不同地区的餐室应有相应的装饰风格。

④ 应有足够的绿化布置空间，尽可能利用绿化分隔空间，空间大小应多样化，并有利于保持不同餐区、餐位之间的不受干扰和私密性。

⑤ 室内色彩，应明净、典雅，使人处于从容不迫、舒适宁静的状态和欢快的心境，以增进食欲，并为餐饮创造良好的环境。

⑥ 选择耐污、耐磨、防滑和易于清洁的材料。

⑦ 室内空间应有宜人的尺度，良好的通风、采光，并考虑吸声的要求。

⑧ 为保证宴会厅的使用频率，多数宴会厅常与大餐厅的功能相结合，并利用灵活可开闭的折叠式屏风等隔断，以适应不同的要求，增强空间的灵活性与利用率，以满足不同功能需要，提高酒店的效益。

（4）康乐健身空间的布局与设计

随着酒店空间的不断完善和人们对健身娱乐要求的不断提高，康乐健身场所已是衡量酒店等级标准的主要依据之一，酒店空间也为康乐健身提供了一个理想的场所。一般情况下，四星级以上的酒店其康乐设施应较齐全。酒店设置的康体项目有：各类球场、球馆，游泳池、桑拿浴室及健身房，还有舞厅、卡啦 OK 厅、电子游戏室等为客人所喜欢的内容。空间设计上侧重现代、轻松和豪华的环境气氛。在功能布局上，应考虑经营目标，酒店康乐健身设施应面向社会，并为社会团体、组织提供服务或比赛，来实现其经济价值。康乐空间在使用功能上要有一定的连续性，各部分应相对集中规划，以求联系方便，更有利于管理；较集中布置更衣间、淋浴间、卫生间等辅助空间。对外开放的康乐空间，应单独设出入口，要求客人不需穿过主门厅而直达康乐空间，以方便会员使用和不干扰酒店内的其他部门。对某些可能产生的噪声、振动等康乐设施应做必要的空间安排和技术处理，如保龄球或篮球对地板会产生较大振动，应设在地下层或不怕干扰的空间上层，否则必须做减振处理。

现代人们为了给自己减压，使多种多样的健身活动成为人们越来越有兴趣的业余消遣内容。为适应这种发展趋势，现代酒店的公共活动部分都设计了健身中心等空间。

酒店的健身设施可根据不同的占地条件、不同的地区气候以及酒店的级别而各不相同。位于山地滑雪区、风景游览区的酒店既可兼备滑雪项目又可设置多种球场；临近海滨的酒店可设置帆船、帆板、滑水等设施；依山傍水的酒店可设置跑马场、高尔夫球场；位于市郊的酒店在其宽敞的花园中可设置游泳池、网球场；市区的酒店往往只能在屋顶花园中设置游泳池或网球场以及小型健身设施。

6.3.3 酒店私密空间设计

（1）客房的设计

客房是酒店中重要的组成部分，多层及高层酒店中，若干个客房层的平面布局是相同的，称为标准层。客房依据其等级、性质不同所具有的面积不同，通过设计所达到的通风、采光、隔声，以及所

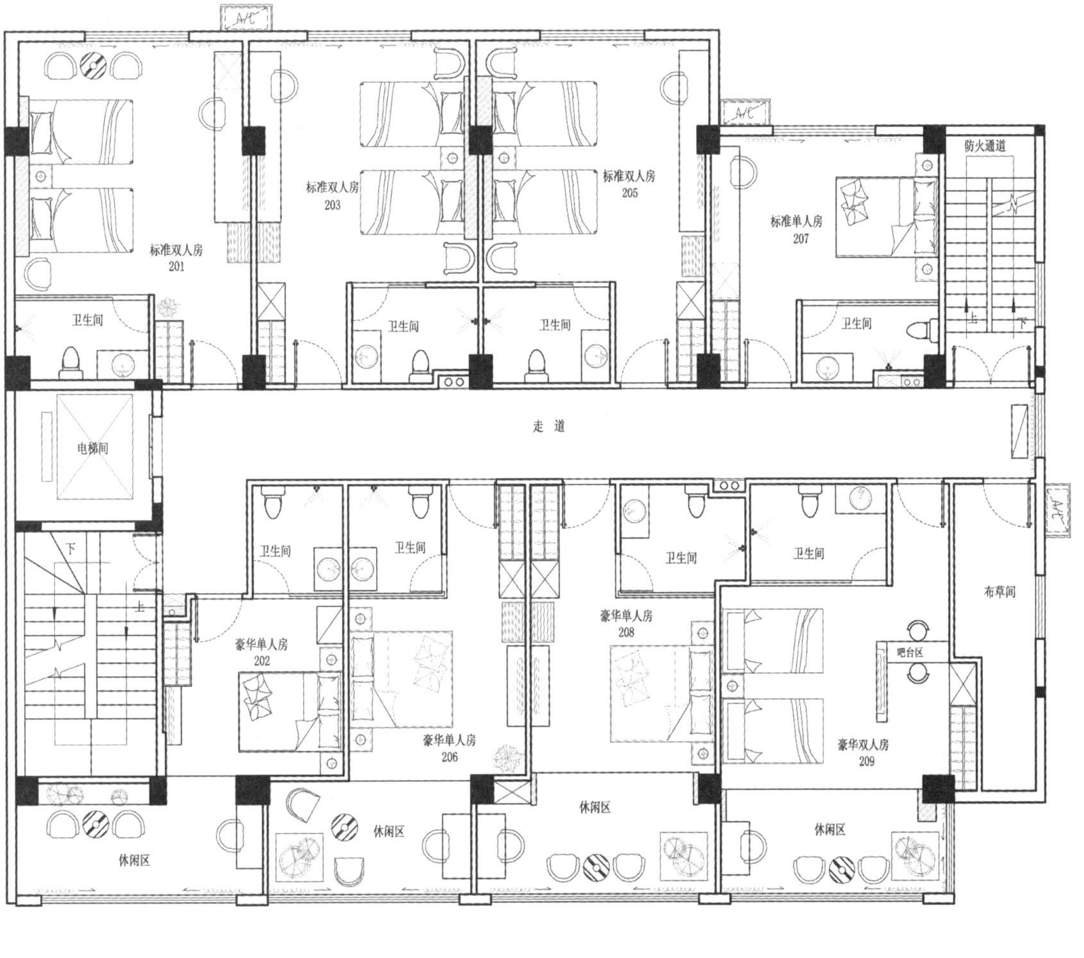

图 6-11
酒店客房平面图

获得的景观也有所不同。

客房的种类和面积标准一般分为：

① 标准客房：即是客房中放两张单人床，可供两人入住的客房，也叫双人间。其面积标准为：五星级为 26 ～ 30 平方米，卫生间为 10 ～ 15 平方米，并考虑浴厕分设；四星级为 20 ～ 25 平方米，卫生间为 6 ～ 8 平方米；三星级为 18 ～ 20 平方米，卫生间为 4.5 ～ 5 平方米。

② 单人客房：放一张单人床的客房也叫单人间。除放一张单人床外，其他家具和设施与标准客房相仿，星级较低的酒店面积略小。

③ 套间客房：一般由两间组成，外间为客厅。但按不同等级和规模，也可有相连通的三套间、四套间不等。其中除卧室外，一般考虑餐室、酒吧、客厅、办公或娱乐等房间，也有带厨房的公寓式套间。主要家具为沙发组和电视柜，有时还可以增设早餐用的小餐桌。客厅是供客人休息、接待客人和洽谈生意的地方，可适当摆放盆花等陈设。套房的里间是客人睡觉的地方，其配置与双人间相同。套间客房大都配备两个洗手间，分别供住宿者、来访客人使用。供客人使用的洗手间，位于入口处。有时不设浴缸，里间的洗手间供住宿者使用，故必须有面盆、便器和浴缸三件洁具。

④ 总统套房：酒店为国家元首、政要商贾、世界名人等级别高的客人及其家眷、随从下榻而提供的一系列配套的客房，总统套房的设置是酒店接待的需要，同时也是酒店档次和身份的象征，五星级酒店和某些四星级酒店都设有。总统套房的基本空间为总统卧室、夫人卧室、会客室、办公室（书房）、会议室、餐厅、文娱室和健身室。有些酒店在总统套房的前部设置随行人员的用房，它们与总统套房相邻，但又各有各的独立性。总统套房的客房数量

图 6-12
酒店客房

图 6-13
酒店卫生间

不宜少于5间，面积应在150平方米以上，有的总统套房甚至占据建筑物的一个楼层，边上配备专用电梯与小电梯厅。

(2) 酒店客房家具与配套

为妥善把握环境的整体格调，选择和布置家具陈设也十分重要。酒店家具包括床、组合柜、桌椅、织物等，可根据客房的主题、风格进行选择，采用统一的家具款式，统一的色系，形成协调的风格。如：中式客房的家具可采用传统中式家具式样。不同星级标准的酒店，对各类客房应配备的家具和设备都有明确的规定，但不同国家、不同标准的酒店，家具和设备的多少和款式也会有这样那样的差别，如有些客房可能增设餐桌、小酒吧或专门用于办公的桌椅，选挂一些有趣的挂画、摄影或壁饰，有些客房的卫生间还可能增加女士净身盆、旋涡浴缸和桑拿房等。下面是一般客房家具设备的基本配置项目：

① 卧室：睡床（分双人床、单人床），床头柜（可装配电视、音响及照明等设备总开关，并常与床屏一同考虑设计），写字台、化妆台（一般配套有大玻璃化妆镜及椅凳），行李架，电冰箱及冰箱柜，大衣柜（常设置于客房通道处，并与储物柜一并考虑），休息坐椅（一般配套一对圈椅或一套沙发及小茶几），照明及灯具（床头灯、落地灯、台灯、夜灯及在门外“请勿打扰”、“请即打扫”的显示及房间、卫生间照明）、彩色电视机、电话、插座等。

② 卫生间：浴缸或淋浴房（有的酒店两者兼备，并带冷热水龙头、淋浴喷头等）；洗脸盆及洗脸台（有的酒店洗脸台装配两个洗脸盆，洗脸台上配大镜面及冷热水龙头、风筒及剃须刀插座），便器及卫生纸卷筒盒。

(3) 酒店客房的装饰设计

客房的室内装饰，应以淡雅宁静而又不乏华丽为设计目标，使客人有“宾至如归”的感觉，给予旅客一个温馨、安静、舒适的环境。客房的色彩以暖色调或中性色为主，床上用品以及窗帘的图案和色彩应与墙面保持协调。地毯色彩和图案不宜过花，颜色稍深，在污染后不易被觉察到。多用一些造型优美的插花、盆栽等。在采用素雅的窗帘、床罩和地毯的同时，搭配一些色彩图案相对鲜艳的靠垫等，增加环境的亲切感。客房照明以温暖为基调，为了保证客人书写，写字台上布置台灯，床头照明一般采用可调整角度、带灯罩的壁灯或床头射灯，并可

图 6-14
酒店装饰设计

分别控制，这样既不影响他人休息，又可以照顾到客人在床上阅读。客房高度偏小，不宜使用过大的吊灯，房间的整体照明可用吸顶灯、立灯或窗帘盒内的日光灯，达到空间整洁和光线柔和的目的。在室内设计，所有灯具的形式应与室内装饰、色彩、文化氛围保持一致。

有些客房，在墙面与天花的交角处设置木角线或石膏角线或在天花的周围依据客房的风格，作适当的装饰。家具可根据客房的主题进行选择，客房的家具、陈设应相对简洁，不要有过多复杂的线角和雕刻。中式客房的家具可采用传统中式家具的颜色，但一般客房的家具仍采用主色调的近似色。家具的设计重点往往在床头屏（床头架）的造型设计上，可与墙体立面及床头柜一并统一考虑，用材以木质和软包为主，形式上分为连体式和单位式两种，在安装结构上又分为与墙面固定和与床框固定两种。

6.4 酒店照明和色彩设计

6.4.1 酒店照明设计

酒店照明按不同情况，可分为三种类型：

一是实用照明（Utility lighting），用于厨房、洗衣房、车库、办公室等；

二是特殊的效果照明（Special-effect lighting），用于各类不同功能的房间；

三是纯粹为装饰的照明（Purely decorative lighting）。

（1）入口休息厅

应创造使人愉悦和吸引人的照明效果，以较高的照度在有高光照明或自然光的入口和门厅之间，创造柔和的过渡。

（2）门厅

门厅是旅客看到旅馆室内的第一个部分，它应显示愉快、殷勤好客的气氛，照明应与建筑装饰艺术相结合。不少饭店采用下列各种一般照明方式：

① 间接型照明的轻便灯（顶棚必须为白色或较浅色调）；

② 间接型悬挂式照明灯具，从顶棚上挂下来；

③ 均匀明亮的透明塑料板或玻璃镶板做成的发光顶棚（有时覆盖整个顶棚或墙面）；

④ 直接间接型悬挂泛光灯；

⑤ 暗灯槽照明和下射照明；

⑥ 台灯一般用于旅客阅读的局部照明。

（3）前台

前台是旅客进入门厅后寻找的第一个地方，因此有较高的照度是必需的，常采用办公型的照明设备，悬挂式或嵌入式也是常用的。

（4）休息厅

应有愉快轻松的气氛，照明的表面应有优美的式样和吸引人的色彩，简单的方法是采用具有间接型照明的下射轻便灯具。

（5）走道

走道照明应使旅客较容易地和迅速地看清房门号和找到门上的锁眼，在天花板上装设连续的或分段的荧光灯和半间接或间接型白炽灯具是常用的。在布置灯具时，应避免由于走道中常出现的横梁而产生阴影，并应按规范要求设置应急照明。

（6）餐厅

餐厅的一般照明，应足以使旅客能看清菜单。照明系统中的灵活性，是希望提供不同照度的照明，并在色彩和性质上应与餐厅的装饰体系相一致。使墙面形成统一的高亮度，是有利的。下射照明和暗灯槽照明是常用的。有时也常用小台灯，偶然也用蜡烛作为补充照明，以增加迷人的情调。

（7）楼梯间照明

楼梯间照明，安全是最重要的，并常和实用与装饰相结合，如自动扶梯，应起到标志作用和采用高照度的照明。

（8）客房照明

多数情况客房用于小型的商贸洽谈和接待之

用，这是饭店客房区别于家庭之处，因此照明应服务于许多功能，客房照明还应结合装修进行特定的制作，它应包括一般照明（如采用窗帘掩蔽的荧光灯照明，决定于房间的大小，可附加凹槽口的间接照明），以及床头灯和桌子、沙发等处的局部照明。

床头灯因为阅读须有足够的亮度，并应不影响室内的其他人，因此不推荐用床边的台灯进行床头阅读。装在墙上的床头灯应有足够的高度，使坐在床上的人，头上有足够的空间。为梳妆台或墙上镜子的照明，最好采用有扩散作用的乳白色玻璃，隐蔽起来的荧光灯，装于镜子上面或两侧。

浴室内的总体照明，常与镜子的照明相结合，镜子照的安装应朝向照亮人的脸部，而不是去照亮镜子，一般可用1～2支40瓦或65瓦荧光灯。

6.4.2　酒店色彩设计

决定饭店的色彩的因素很多，大致可以分为下列几个内容：

（1）环境

酒店所处的环境不同，色彩也应有不同的考虑，如位于闹市区、郊区、风景区、海滨、山地、园林……。不但建筑造型应与周围环境相配合，还应考虑与内外空间的色彩相协调，做到适得其所。处于风景区的饭店，一般都主张淡化建筑色彩，不与景色争高低，而使旅客能专心于对自然风光的欣赏，色彩是为人服务的，不要用色彩去干扰他们的活动，这是用色的基本原则。

（2）气候

不同地区由于气候原因，如寒带、热带、亚热带等，一般都希望有相应的色彩空间环境与之相配合，以便在心理上取得平衡，南北方在用色上，有传统的习惯和明显的差别，这是不言而喻的。

（3）民族和地方色彩

各民族、地区在历史上长期形成的习俗、观念也反映在色彩上，当地所用建筑材料包括石、砖、木、竹、藤以及织物、工艺品等室内装饰材料，所形成的色彩效果往往富有地方特色，应该予以充分的利用，这是体现地域性的一个重要方面。我国是一个多民族国家，传统色彩十分丰富，应该在建筑内外空间上予以充分地显示出来。

（4）反映不同的旅客的心理要求

每座饭店都有它的客源和经常的服务对象，应该研究他们住店的特殊要求和希望，并从色彩的角度去满足他们的要求。

（5）色彩应符合人的视觉规律

色彩对人的心理、生理影响和重要性已被实验所证实。不同的生物和活动内容，对色彩有不同的要求，如居住、睡眠、餐饮、娱乐、休息等，都应有相应的色彩环境。但从整体上讲，一个饭店在色彩上应有明确的主导色彩，局部应服从整体要求，才能充分发挥色彩的作用和魅力，给旅客留下深刻的印象。不同空间的色彩要求可以在统一色调的基础上适当变化色彩的明度与彩度，或者采用其他方法，如通过布置陈设品、绿化花卉来点缀和补充对缺乏某些色彩的不足。

（6）反映饭店的个性

每个饭店都应具有自己的特色，方能吸引旅客。西方有些以娱乐为主的饭店，它的设计主导思想不是要求“宾至如归”像回到家里一样，而恰恰相反，要让旅客感受到生活在完全不同的另一个世界里，产生梦幻般的新奇感，乐而忘返。这种带有浓厚商业性质的思想虽不足效仿，但是关怀旅客对变化了的生活发生兴趣，应该说是有一定道理的，只要全心全意为旅客着想，饭店的新的构思和个性特色，是完全可以通过色彩去充分表现出来的。

6.5　酒店空间室内设计的发展趋势

（1）以人为本的定位

酒店以人为本的经营定位应落实在方方面面，哪怕是细节的设计都要考虑到多样消费的多样性服务。酒店除解决吃、住、购物、休闲、娱乐、社交等多种功能外；更重要的是准确、体贴、满足消费者的需求，实行细化的分工服务。所谓分工明细化是指不同的酒店各有各的消费群体。如青年旅馆是以青年学生为对象，其服务项目多为自助式的，适应青年学生的消费水平：如汽车旅馆，专为驾车的司机们和自驾车旅游的人士服务，除了具有一般旅馆应有的基本设施外，还应设有大型停车场、加油站、修车、洗车等服务。

（2）可持续发展趋势

当今酒店的设计者、经营者越来越深刻地反思自己在创造物质的同时，给环境、地球及人类自身带来的危害。一个星级酒店在水、电、土地等资源的消耗上是惊人的，节能与环保已成为酒店未来发展的标志，这也成为人们的共识。在酒店设计中积极提倡人为环境与自然环境的融合与共生，室内空间再创造的同时也应是人类生态环境的继续和延伸。如何更好地利用现代科技成果，进行绿色设计，充分协调和处理好自然环境与人工声环境、光环境、热环境之间的关系，大力推广“绿色材料”的运用，因地制宜。节约包括装修费用在内的投资、节约经营管理的成本，尽可能减耗节能，朝可持续的生态酒店方向发展。

与此同时唤起人们对自然的爱护，“人类只有一个地球”的生态观和环保思想越来越深入人心，生态价值观也越来越规范着人们的社会行为，生态旅游已经成为国际旅游界公认的未来旅游发展方向，围绕生态旅游所展开的旅游形式将是多种多样的。

酒店的生态设计要求更高的科技含量，更完美的实施手段，涉及建筑的空间形式、结构选择、材料与技术、采光、空调、可再生资源利用、信息技术等技术层面，要建立与生态环境相符合的室内环境系统。

（3）风格与特色

建筑与室内设计既是物质产品，又是精神产品，即蕴含着文化内涵，反映一种文化观点。酒店所在地“文化”，包括地域文化、民族文化、历史文脉。酒店文化是酒店设计的灵魂并越来越受到人们的认同。

酒店由于存在于某一地域环境之中而呈现地域性，特别是旅游度假酒店应对旅游地的历史与文化价值予以尊重。建筑与室内设计中的不同流派、风格，反映了一定历史时期建筑文化思潮，主要起源于对不同时代建筑本质的理解和审美观念的认识，但它们不能代替对具体的、民族的、乡土的、地域的文化的开发和创造，因此，要充分反映当地自然和人文特色，弘扬民族风格和乡土文化，还须对地区文化进行深入的探索与发展。室内设计师需要研究酒店在总体环境中的地位、作用及将来发展趋向。酒店设计应因地制宜地采取具有地方风格、民族特点、乡土风格，充分考虑历史文化的延续和发展的设计手法。功能特点不同的酒店设计任务，与环境中各项内容联系的紧密程度也有所不同。酒店设计应坚持吸收本地、本民族的母体文化，具有民族和地域特色的设计，将是未来中国酒店设计发展的主要方向之一。

室内意境的创造是室内设计文化内涵的最高诠释，它不仅使人们从中得到美的感受，还能以此作为文化传导的载体，表现更深层次的环境内涵，给人们以联想与启迪。

（4）注重新技术趋势

科技的进步，新材料、新技术、新工艺的层出不穷，为酒店设计追求全新的时代气息提供了取之不尽的语汇。信息时代的到来，改变着全人类的生活模式，酒店设计中智能技术的应用，提高了酒店环境的整体品质，同时将影响酒店的动态设计。

未来酒店可能延伸到人们想象不到的地方，如海底、高空、围绕地球旋转的轨道上，人们可以在特殊客房中从奇异的角度观赏从未见过的美景，感受全新的生活。

未来酒店客房将具备自我清洁功能，每位客人步入客房时面对的始终是崭新的房间。所有房间（包括窗外的风景）都必须是可调配和重新定制的，客房可以随客人的喜好，情绪的变化而改变，可以改变墙面的颜色，播放音乐，使客人倍感轻松惬意。未来的床将依据人体的曲线设计，当客人进入和离开酒店时将接受健康体检，客人不睡觉时，床会折叠起来，节约空间。卫生间安放一种可检测客人健康状况的脚垫。

（5）动态设计趋势

由于酒店室内设计具有周期更新的特点，更新周期越短，更新节奏越快。因此需要认真考虑因时间因素引起的平面布局、界面构造与装饰以致施工方法、选用材料等一系列相应的问题。在空间组织、平面布局、装修构造和设施安装等方面都应留有更新改造的余地，以动态发展的眼光来认识和对待设计的依据因素、使用功能和审美要求，不能将其看成是一成不变的。

酒店设计因外部环境、客源结构、管理体制等的转变而逐步呈现了动态化的发展趋势。空间组织由封闭型趋向开放型，面广量大的星级酒店都面临着周期性的更新改造。

（6）主题化、特色化趋势

酒店服务由综合性趋向突出品牌与特色性、主题化、特色化是21世纪酒店发展的潮流。过去机械地套用星级标准或模仿相应星级酒店，使酒店存在雷同现象，注重标准化的设计，缺乏个性化、特色化的体现。

独特性、新颖性、文化性是主题酒店和特色酒店生存与发展的基础。和传统酒店相比，主题酒店与特色酒店注重差异性的营造，力求在酒店建设、产品设计与服务方面创新、出奇，突破传统格局，张扬酒店的个性特征。品牌特色越鲜明，就越容易获得顾客的认知。酒店设计师要独立创新和标新立异，要有新思想、新创意，追求新技术和时尚。要尽力避免追逐流行，盲目追求豪华，生硬使用材料的做法。

酒店行业与其他行业一样，需要有很强的品牌意识，品牌效应不仅仅是简单的标识，更是一个综合的产物，成功的品牌对酒店今后发展至关重要。世界上著名的连锁酒店希尔顿、香格里拉等就是以其为客户提供优质的服务而享誉世界。如何将现代酒店营造成一个“和谐的小社会”，则要通过创新的设计，提高客房率，以高客房率带动饭店的餐饮、娱乐及购物等收益。同时在酒店、住宅、购物及娱乐为中心的一体项目中，酒店的效应会给城市住宅区域带来增值的空间，而区域中的住户也会成为酒店潜在的消费群。在购物、娱乐中产生互动的效应，这些创新理念在项目规划与设计中越来越受到关注。

主题酒店确立一个突出、有特色的主题是首要条件，取材可以古今中外、包罗万象。以酒店所在地最有影响力的地域特征、文化特质为素材而赋予酒店某种主题，并围绕此主题形成具有全方位差异性的酒店氛围和经营体系，营造出无法模仿和复制的独特魅力与个性特征。

（7）多元并存趋势

随着社会的发展和时代的推移，酒店室内设计由于使用对象的不同、建筑功能和投资标准的差异，明显地呈现出多层次、多风格的发展趋势。现代酒店室内设计都将更为重视人们在室内空间中的精神需要和环境的文化内涵。酒店设计趋势在向混合和搭配多种风格的倾向发展。

酒店设计的兼容性与独特性将相映生辉。伴随着世界一体化和经济全球化格局的形成，将有越来越多的国际酒店集团涌入中国，也会有越来越多的本土酒店集团走向世界，只有在形式与内容方面全方位与国际接轨并保留个性特点，才有望在竞争中保持不败。

思考题

1. 谈谈你对不同等级酒店的类型划分与功能定位。
2. 谈谈酒店各功能空间的设计内容与特点。
3. 根据某酒店进行某一功能区域范围的室内设计。

第 7 章
医疗空间

医疗空间是患者身心健康和安全舒适的静养之处，是医院硬件建设水平给患者的最直观反映和第一印象。如何使得医院这一与生命密切相关的地方成为真正关爱生命的场所，使就诊者充满信赖感，良好的室内环境和气氛的营造是关键因素之一。随着医院建筑设计理念的更新和变化，医疗建筑的环境艺术设计开始受到广大设计师的关注，因而，医疗室内设计也得到了空前的发展，无论是意识形态、表现手法，还是材料运用都逐渐成熟和人性化。

在知识经济和信息时代的社会背景下，处于世纪之交的中国医疗建筑，正经历着经济体制、医学模式和技术革命的三大变革。其中，医学模式正在从生物医学模式向着生物—心理—社会整体医学模式转变。基于这种情况，单纯的“医疗型”医院正向着“医疗、保健、预防、康复”复合型转变。并且，在现代医院设计和管理中，“以人为本”的人性化设计原则已成为主导理念，人们也认识到了“人性化的医疗环境”这个概念。当今医学模式的发展、社会人口老龄化、文化多元化、信息技术数字化等因素也很大程度地影响着医院的设计。“医疗环境”的设计好坏将对病人的治疗、康复进程产生重要的影响。寻找到一种最为合理、有序、简便的设计方法，从而为医院的使用人群创造出舒适的、可持续发展的医疗环境，成为医院发展所面临的首要问题。

7.1 现代医疗空间基本特征

7.1.1 医院规模对象化

医院室内设计中最基本的问题就是明确设计中的服务主体的需求即病人的需要及感受。人的情感是建筑设计要考虑的第一要素。以这样一个定位，为医院设计，正确划分被服务者与服务者的空间，创建幽雅、宁静、富有人情味的医疗环境，这是病人需要的，也是设计师的职责。在满足医疗功能的前提下，应营造出让人精神振奋或给人情绪安慰的人性化现代医疗空间。

城市综合医院的规模，普遍不再是扩展上千张以上床位的大型医院，而是根据医院级别不同、所担负的服务对象不同而不同。有服务于普通大众的综合普通医院（如北大医院），有服务于以部队为主的部队医院（如武警医院），有服务于高级领导的高干医院（如北京医院），也有服务于特殊人群的专项医院（北京第二医院）。根据不同的使用对象，医院规模和空间环境就要有所区别和偏重，普通综合医院门诊量较多，空间使用率较高，对空间流程要求更高，诊室、病房的分布较多，人流量较大，因此，空间环境的要求应该是简洁、温馨、指示性强，不琐碎、不复杂。部队及高干医院通常在病房形式、整体风格及色彩、材料上有别于其他医院。通常这种医院多服务于特定人群，日门诊量要比普通医院少许多，空间上较为宽裕，病房等级通常有较细的划分。专项医院如北京第二医院就是北京市政府专为老年人这一弱势群体设置的医院。规模和日门诊量也相对不大，以体检、就诊、住院为主，医院处处都体现着无障碍设计，各种扶手和拐角都相应做有细部处理，从而体现着设计服务于需求的基本理念。

7.1.2 医院功能综合化、布局合理化

医院建筑在公共建筑中是功能性比较强的建筑类型。因此，合理组织医院的人流与物流，合理配置各个功能分区、洁污分区分流，成为一个医院设计的最基本准则。医院各个医疗功能部门类别繁多，医院总体布局对于人流、物流的合理组织与规划，对于医院日后投入使用的效果以及运营管理关系极大。医院的建筑布局、楼群造型和内部结构，除了注重医学美学和建筑美学以外，更应重视实用、配套，适应功能综合化的需要。

7.1.3 医院空间环境人性化

医院环境的发展越来越重视医疗环境的人性化，注重环境品质的优化和提高，追求与整体医学模式相适应的整体医学环境，寻求适合医疗技术与情感平衡，突出自然、生态环境的“绿色医院”。环保材料越来越多的涌现于市场，如 PVC 塑胶地

图 7-1
台大儿医大楼一楼候诊空间。该候诊空间设计充分结合儿童特点，将空间营造出森林的氛围，充满童趣，让候诊空间单调紧张的情绪顿时得到缓解和放松。

板，由天然材料制成，其优点在于，易于清洁打理、脚感舒适防滑、吸音，很适合用于医疗空间地面的大面积使用。在餐厅、会客室等地面上，也通过运用一些活泼的自由的色块，打破秩序性，使环境更人性化。在医院的走廊里，通过对顶面照明的选择和定位，也可以有效地减少光线对病人的刺激。如尽量选择带遮光片或挡光板的灯具，把光源置于走廊靠近病房一侧，既便于对病人引导方向又避免重病人平躺在病床上在转移过程中光线直接对视觉的刺激等。

7.1.4　医院空间艺术化、园林化

绿化是医院环境建设的一项重要内容，在医院规划布局美观合理的情况下，适当的绿化能起到衬托和美化作用，并能改变医院小气候，净化室内空气。随着近些年人们生活质量的提高，医院不仅要满足看病就医的需求，同时还要满足就医者追求绿色空间的心理需求。室外活动对于患者恢复来讲是很重要的，然而对处于闹市中的医院要有个较大的庭院近忽于奢侈，因为建设用地有限，通常解决的办法是采用屋顶花园的方式，充分利用可使用空间，为病人提供一片绿色方舟。而这种绿化方式，通常屋顶防水和安全性是需要非常注意的（图 7-2）。

7.1.5　医院空间无障碍设计

特定的空间、特定的时间、特定的需求者都会给设计赋予特殊要求。由于使用者身体条件与普通就医者不同，针对不同区域、科室、病区、使用对象，还应进行与之相对广泛的专项设计和细部设计，都应体现着对弱势群体的关爱和照顾。老年人、残疾人或心脑血管康复病人的病房及其卫生间内，应在距地面 0.3 米高处增设 1 处或 2 处紧急呼叫钮作为呼叫系统的补充和完善，病人摔倒后即使爬不起来，也能接触到呼叫钮，从而让医护人员及时得到信号。咨询处、收费处、护士台都应设有高（1100 毫米）低（750 毫米）柜台，便于坐轮椅的就医者

图 7-2
华山医院。适当的小品、陈设成为整个空间的点睛之笔，使整个医院环境充满艺术性。

能够无障碍地进行咨询和沟通。还应设有无障碍公共卫生间，尺寸应使轮椅有足够的转动空间，坐便器及洗手台应配有扶手，具体内容应该有以下几个方面：

- 医院建筑的室外通道、建筑入口及庭园的地面有高低差和有台阶时必须设置符合轮椅通行的坡道，在坡道及台阶两侧应设扶手。
- 医院建筑的门诊大厅及候诊、急诊、检验、理疗和住院部的走道等地面应平整防滑和没有水平高低差，在走道的两侧应设防撞扶手。
- 医院建筑的室外通路至入口及导诊台应设盲道，在楼梯、电梯、洗手间、化验室等部位应设位置提示标记。
- 设有楼层的医院建筑应设缓坡楼梯和电梯，在楼梯两侧应设扶手，电梯规格应采用病床梯。
- 男女洗手间的入口通道、隔间厕卫及安全抓杆应符合乘轮椅者进出、回旋和使用要求，男洗手间小便器也应设安全抓杆。
- 医疗建筑的服务台、公用电话、饮水器、自动售货柜、邮箱等其高度应符合乘轮椅者的使用要求。
- 住院病房和疗养室设附属卫生间时应方便轮椅进入并设观察窗口和应急呼叫按钮，门锁应安装门内外均可使用的门插销，在座便器、浴盆或淋浴两侧应设安全抓杆。
- 在病房、健康疗养室及活动室设有阳台时，阳台门的净宽和阳台的净深应符合轮椅通行与回旋的要求。
- 理疗部位的通道、等候间、更衣室、浴室及洗手间应符合乘轮椅者的通行和使用要求；水疗室、大浴池应设带扶手的方便轮椅上下水池的坡道和吊装装置。
- 在无障碍设施处悬挂醒目标示。

7.1.6 医疗空间设计中的可持续发展模式

(1) 家居化的设计概念

该模式主要应用于病房的设计中，目的是改变传统医院环境给人带来的精神痛苦。如私密性、领域感的丧失；病人、医护人员及探视人员的各种影响；目睹死亡、痛苦挣扎、呻吟等造成的恐惧等。

为应对以上情景对病人造成的不同程度的心理伤害，一方面，家庭化病房是应对该问题的举措之一。

从心理学上讲，人对于空间的感知，总是依赖于其原有的记忆，“家”的感觉是人所感知的最为稳定、安全的场所，一定程度上要注入“家”的一些温馨元素，可以帮助稳定患者情绪。许多临床医学专家呼吁“让陪伴住院者有一席之地”。如今陪住方式扩大到了成年患者，医院中体现家庭化氛围的设施逐渐增加。由于病房的家庭化、私密性要求提高，少床病室的护理单元得到了更大的发展。通过对少床病室与多床病室的对比分析发现，在缩短住院期限、提高床位周转率方面，少床病室具有更高的经济效益。

另一方面，有些患者（慢性病、轻微病等）不愿住院治疗，而希望医生服务到家，这样，病房向家庭渗透，即医疗家庭化，医疗家庭化是家居化设计理念的另一种推广模式。科技的发展为医疗家庭化提供了物质保障。家庭与医院的时空距离缩小了，人们可以利用电子设备和计算机在家进行自我诊断和治疗，也可通过可视电话同医生联系，获取所需的治疗信息。

（2）**医院街模式发展趋势**

医院街模式从商业步行街的发展中汲取了可贵的经验，成为病人购物、娱乐、社交的重要场所，并具有一定的文化意义，它的开放性的特点，为住院病人及门诊设施的布局提供了很大的灵活性，促进了医院建筑空间设计思想的变革。医院街的布局特点是以中庭或主要公共流通空间为中心，周边布置各部门的公共入口，或银行、零售店、咖啡店、礼品店、鲜花店、餐厅、书店、卡拉OK厅及舞厅等，意在使人感受到身处购物中心的轻松适意，达到减轻心理压力，缓解对就医的紧张和恐惧感。这种开放式布局的医院街，使病人在住院期间可以享受与亲友、医生驻足交谈，与朋友进餐、娱乐等一系列家居生活内容，从而消除不安与忧郁，加强战胜疾病，重返社会的信心。

（3）**旅馆化模式的发展趋势**

旅馆模式的提出，意在使环境设计给病人以一种“宾至如归”的亲切感。

7.1.7 医学模式与医院建筑发展关联性

现代医学模式趋向人性化发展，所谓医学模式，是指人们对社会的某一发展阶段医学形式的总体概括和看法。具体来说，就是在一定的环境下病人由患者到康复的过程中，医护人员对其采取的治疗方式、应用的医疗设备和药物以及病人在此期间与医护人员建立起来的特定合作关系。从古至今医学模式发展经历了3个阶段：

① 萌芽时期的机械医学模式；

② 近代工业革命以来的生物医学模式；

③ 当代的生物—心理—社会医学模式。每种医学模式都有与其对应的医疗建筑形态，而优秀的医院设计本身就应当反映同时代的医学模式所提出的要求。

医学模式的不断拓展，医疗技术的不断更新，决定了医疗建筑组成要素、功能结构的变化，并且因自然、社会等条件差异，产生了不同的医疗建筑形态。这里所指的建筑形态是医院的主体部分——门诊、医技、住院三者间的体形构成关系及类型特征。根据国内外医院实例统计，大体归纳如下：

- 分栋连廊的横向发展模式。该方式将门诊、医技、住院按使用性质分别设计为若干栋相对独立的建筑，再用公共走廊、交通枢纽连接成有机整体。
- 分层叠加的竖向发展模式。将门诊、医技、住院按上、中、下的顺序重叠在一起，形成一栋大型医疗建筑综合体。
- 高低层结合的双向发展模式。这是从高层竖向发展模式中的塔台式演化而来的，即将低层或多层“台”的平面部分进一步扩大，其基底面积远超过了高层部分的基底面积，在建筑造型上形成强烈的横竖对比。
- 矩形板式同层发展模式。包容在一个矩形多层空间之内，以节约用地、缩短流线、提高效率、增强医院的应变能力。
- 模块化的单元拼接发展模式。20世纪70年代将标准化的规模由整体医院缩小到一个单元或者更小的功能单元。同一个单元，有统一的技术参数、结构体系和构造做法，可以灵活拼接组合，以增强其适应性。

7.2 医疗空间室内设计要素

7.2.1 总体设计要求

医院环境的室内设计以医疗公共空间室内设计为主，由于临床医学科技发展，要求现代医院建筑的门诊大厅、医疗候诊区、医技检查区、病区护理单元及患者家属等候区等，进行具有针对性的室内环境与功能设计相结合的医院环境综合设计。

根据现代医疗理论，患者接受诊治和康复的过程中，其心理和精神状态的表现情况发挥着相当重要的作用。作为与人的生命健康息息相关的医院环境空间设计，给人带来的影响是不可忽视的。恰当地反映医疗行业的特点和需求，高度重视与关心患者的心理和精神状态，力求使患者在就医的过程中保持平和温馨的心境，从而达到“以人为本”的设计目的。

7.2.2 医疗空间的设计流线分析

在进行医院总体规划设计时，起决定作用的是人流部分，因为在三组流线系统中，人流的流量最大。流程最复杂，频率最高，它是所有流线中的动态流线，对功能设置和布局起决定作用，因此，在总体规划设计时，应当以人流设计为主，物流设计次之，信息流在进行部门设计时考虑。

医院在总体上分为医疗区、后勤服务区、行政管理区三部分，其中医疗区是医院发挥其社会职能的主要区域，并且是三部分中人流量最大的部分，应当位于院区交通最便捷、环境最好的位置。三者之间的联系，应当以物流系统为主，后勤服务区对医疗区的支持主要体现在物流方面，它与医疗区的关系最密切；行政管理部分与二者的关系体现在信息流方面，这一系统虽然流量也很大，但其中大部分已被现代化的工具所取代，因此，在系统分析中，它居于最次要的位置。

在总体布局上，以人流为设计依据，物流次之，强调理性，严格区分医疗区、服务区和管理区，坚持以创造方便、快捷的动态流线，舒适、美观的静态流线为目标，从实际情况出发，以人为本，结合自然，发挥集体才智，力求将理想中的方案转化为现实。

7.2.3 医院空间环境色彩设计

在医疗空间中，色彩也是调节人的心理、情感的有效利器，是促使患者康复行之有效的方法之一。国外研究证实，色彩能引起人们多重的情感和效应，如寒暖、轻重、软硬和强弱等感受；在心理上产生明快与忧郁、兴奋与恬静等效应。所以色彩设计一方面要考虑到医疗空间色彩层次的丰富与统一，另一方面更要注意色彩对患者生理、心理影响所产生的情绪变化和对患者的辅助治疗功能。使用得当的室内色彩可以带来良好的就诊气氛和辅助治疗效果。应该避免过多的色彩搭配造成视觉疲劳和混乱，对病人情绪造成不良影响。医院环境色彩是将医院建筑、设备、交通、器械等施以色彩时，利用色彩所具有的物理、心理和生理性质，为医院环境提供舒适、美观、高效、安全、方便的配色设计，成为现代医院环境调节手段的一个重要技法（图 7-3）。

在医院中除用文字、图案表示标识外，用色彩线来引导流线也是标识的一种。而且有时比文字、图案更明晰。通常医院楼层较多，指示系统能为病人真正服务，无助的状态反而会加重病人焦虑、不适的情绪。所以以一种更直观、更易分辨的方式“色彩”，更能达到事半功倍的效果。可以在整个功能区域划分上分成色块，也可以将交通核心区（如电梯亭、护士站、等候区）用分明或突出的色彩与其他地区相区别，还可以将病房、诊室区这种难识别

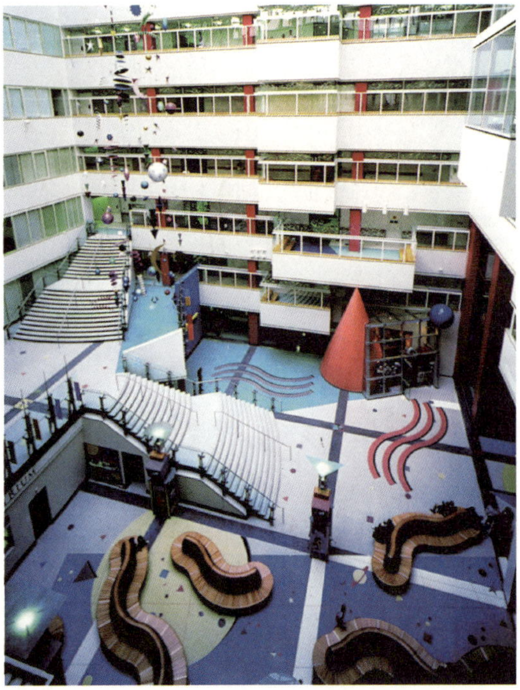

图 7-3
儿童医院中庭。色彩、卡通、运动共同打造了一个充满趣味的动感氛围。

的区域，将走廊两侧相对应的墙面做补色或色差的区别，便于区分。色彩上的变化一方面可起标识的作用，另一方面亦可对病员、家属乃至医务人员起到心理的舒缓作用，当然前提是色彩的选用及搭配应淡雅、和谐。病房内的色彩装饰应根据各单元病人的不同而略有不同。消化科宜用绿色作基调。儿科宜采用多色彩跳跃式组合，中等以上明度，这比较符合儿童活泼爱动的特征。手术室多采用蓝绿色。因为外科医生在做手术时，长时间凝视血液红色，把眼睛转向白色墙壁时，便会感到有蓝绿色的幻觉，产生生理上补色的后像，所以医院手术室采用蓝绿色，就可以克服上述的弊端。一般病房宜采用暖色，如米色、木色。给人以温暖，如家的感觉（图 7-4）。

图 7-4
扬州人民医院。该诊室通道采用充满生命力的绿色，结合温暖的灯光，营造充满希望、宁静和放松的感觉，达到平复心情和镇定的目的。

7.2.4　医院空间环境照明设计

医院的照明是医院现代化的重要体现，在设计中既要考虑医院各种治疗的照明要求，也要考虑病人对照明环境的反应，避免因照明布置或照度选择不当引起病人的不适和反感，尽可能营造一个和谐舒适的就医环境。

（1）门、急诊楼

门、急诊楼的大厅应处理好自然光与人工照明的平稳转换，“挂号”、“付款”、“划价”等窗口外的照度应在 300 勒［克斯］左右，宜以荧光灯为主。门、急诊楼的公共走道照明主要依靠人工照明，照度不宜与诊室相差太多。门、急诊室应充分利用自然光，照度在 300 勒以上。另外，急诊观察室、治疗室宜采用漫反射型灯具，以减少眩光。

（2）病房

病房的照明一般要求光线柔和，防止对病人产生刺激。灯具应避开病床正上方，照度多为 100 勒。医生检查时可使用床头灯做局部照明；病房门下侧应设置脚灯，以便于护士夜间巡视。病房区走廊的照度一般在 75 勒左右，其灯具安装应避开病房门口。

（3）手术部

手术局部照明采用手术无影灯必须满足洁净层流要求，选择爪型结构的手术无影灯。一般照明采用洁净灯嵌入顶棚安装，其中一盏洁净灯应达到应急照明要求，观片灯嵌墙安装，术中记录柜内安装一个联动照明灯，翻开记录板灯时可同时打开，并且每个手术室门上方要安装表示“手术中”的指示灯以防止无关人员进入。

（4）医技室

一些小型的医技设备如心电图仪、脑电图仪等均无特殊照明要求，但核磁共振扫描室、理疗室、脑血流图室等需要电磁屏蔽的地方仍要用直流电源；测听室照明采用白炽灯；眼科暗室可采用可调光的白炽灯。很多医疗设备照度要求在 100 ～ 150 勒，甚至更低，但为了维护修理及有可能辅助介入手术或治疗，有时照度仍有 300 勒以上的要求。

（5）公共走道及病房走廊

由于人员相对集中，活动无序应设置一定数量的应急照明，安全出口、疏散通道和拐角处应设置出口指示灯及疏散指示灯，以便有突发事件发生时，人员能够及时疏散。

由于医疗需求和治疗模式的改变将会继续，医院环境设计是与人类的生存发展密切相关的工作，规划和设计好医院的环境是为人类造福的神圣工作，每个设计人员都应认真研究，努力思索，创作更多更好的优秀设计，创造出更人性化，更符合人类需求的最佳医疗空间环境。

7.3 医疗空间室内设计

每个医院都是由各个功能部分和服务设施组成的。其中包括，临床实验室，影像，急诊室的诊断和处理功能，手术；招待活动，如餐饮服务和家政，以及基本的住院护理等相关的功能。除了必须安置的一系列服务，医院必须提供服务和支持许多不同的用户和利益相关者，好的医院设计是整合不同用户的不同需求与各空间医疗功能要求的集中体现。

7.3.1 门诊空间

门诊大厅设计是整个医疗区域的核心。是医院多种流线的交叉点，人员最密集的公众场所。医院不断扩建、改建甚至大规模易地重建，建筑规模越来越大，同时随着医疗技术不断向前发展，新的医疗手段日益多样化，因此，建筑内部功能日趋复杂，特别在大流量的门诊区域，各种人流、物流拥挤，不易快捷到达就诊目的地。因此，树立以人为本、患者第一的思想，创造有序、便捷、舒适的门诊就诊空间成为了医院门诊空间设计的主要目的（图7-5）。

首先，应规划水平交通流线与垂直交通流线，合理控制病人就诊流线的距离。在门诊区域里，主要有病人就诊流线、医护工作人员流线及物资供应流线和废弃污物回收流线，在设计中应使人流与物流污洁物品的分离，使门诊建筑内部各种流线互不干扰，达到有序高效的流动，从而节约加快就诊病人就诊的时间。

其次，合理选择门诊空间组织形式及重视空间视觉中心的设计。门诊医疗建筑的组织空间模式随着建筑规模扩大，内部功能日益繁杂，不同的门诊组织空间组织形式适应不同规模，不同等级的门诊空间。

第三，注重门诊功能科室在水平向与层次上的合理安排。根据门诊科室的流量以及就诊病人年龄、身体状况来安排各科室水平设置及层次。一般行动不便的骨伤科、外科、产科以及年幼的儿科宜布置在层次较低、交通疏散出入口方便的位置上，大流量的内科可布置在中间楼层，而五官科、中医科等

图 7-5
扬州人民医院。以中厅空间来组织门诊就诊空间，各门诊科室围绕中厅布置。通过中厅空间这一空间视觉中心，使病人心理上建立起视觉识别标记。同时大尺度的中厅空间也减轻就诊病人压抑心理，使病人产生愉悦感。

可以布置在较高楼层上。重要的技术含量高的技术设备集中，技术含量低，专科性强的技术部门分散布置在相应需要的科室内，尽可能以集中与分散化相结合模式进行合理的安排和规划。

第四，通过有效的室内空间设计来创造快捷、舒适的门诊空间。在门诊空间室内设计中，通过空间视觉中心的强化设计，有序安排景观穿插布置，引导标识系统的设置，不同功能空间差异化、可识别性设计，包括空间界面（地面、墙面、天棚）空间的形态、气质等。通过一系列空间规划设计，在同样流线的距离下，可减少病人心理上的期待距离，增加行为过程愉悦感达到提高门诊部门效率的目的。

总之，门诊医疗建筑在功能及内部空间塑造上虽比较繁杂，但通过医院管理部门、医疗技术部门与设计部门全方位综合信息实现方案，一定能为病人创造一个高效、优美、有序的医疗场所。

7.3.2 候诊室

医院的候诊空间是连接就医者和医生的重要空间。就医者在接触医生前，往往要在候诊区等候，如果候诊空间设计不到位，会影响就医者的情绪，使其感到烦躁不安。这样既不利于医生诊病，也不利于患者的病情康复。因此，候诊区的设计也应该得到设计师的充分重视。总的来说，候诊区的设计应注意以下几点原则：

- 候诊空间的位置应设在比较开放的空间，最好有自然采光和自然通风。
- 根据科室特点确定空间大小，并保护就医者隐私。医院所在地区就医者的分布和病种各不相同，各科室就医者的病情、年龄、性别和所患病种也各有特点，因此，医院候诊空间的大小就一定要有所区别。各科室之间、内科与外科的候诊空间，都应该根据科室特点，进行空间的布局。在设计个别科室的候诊空间时，要考虑到保护就医者的隐私。
- 空间色彩与照明设计柔和舒缓。
- 材料和家具宜人、舒适。医院的就医者，他们大多感觉身体不适，属于弱势群体，而候诊区也是患者及家属停留时间较长（大型综合医院病员通常在此地等候时间约为1小时），各类人员较多的空间，因此，好的家具设计与材料应用也是该环境体现人性关怀的一个重要体现。
- 合理营造好的室内生态景观空间。随着生态建筑的兴起，国外医疗建筑正逐步把此理念导入门诊空间设计。这种模式很好地把交通组织与室内景观空间结合了起来。通过景观、色彩对人生理心理上产生的效应作为辅助治疗的手段之一，为当下迅猛发展的国内超大型综合医院的建设提供了一个方向。

7.3.3 护理单元空间

护理单元集治疗、康复等多功能为一体，是病人在医院建筑中停留时间最长的部分，其环境条件极为关键。从病人心理要求角度出发，探讨护理单元内部空间的划分与设计，提出应根据新时代社会经济条件，进一步细分各类功能空间，从而为病人创造更为适宜的住院环境。

护理单元的设计应以方便病人为中心而进行。根据对医疗活动的分析，护士和医生在护理单元中的活动既有密切的联系，而他们的工作内容、活动区域又有明显的区分，对工作环境的要求、对病人的影响也各有其不同之处。因而空间布局与划分也应有所侧重，以保证各类活动顺利地展开。

（1）护士工作区域

护士是护理活动的主要实施者，与住院病人有着最为密切的联系。其护理服务质量的高低，直接关系到住院病人能否接受到充分的治疗。护士工作区域的设计，首先要满足位置适中，开敞开放，与各区域联系便捷的要求。这样，不同病室的病人都可以方便地观察、接触到护理人员，随时感受到护理人员对他们的关心照料，从而增加心理的安全感。而适中的位置也可以减少护理人员护理时行动的距离，尽可能降低护理人员的工作强度，保证各病房的病人均能得到足够的照顾。

根据病人身体状况及对护理的不同要求，应将那些对护理工作有严格要求的ICU病房、监护病房设置在护士站附近，便于护士随时随地观察了解病人的情况，及时采取各种处理措施。另一方面，护理区域内部也应根据护理工作的特定要求，合理紧凑地安排治疗、处置、换药等工作用房，尽量减少护士在工作时间的往返迂回，最大限度的提高其劳动效率。各类用房内部的家具设施也应参照当前一体化厨房的设计原则，根据对护士活动的调查，在卫生、安全、便利的原则上进行设计。

护士工作区域还应视条件许可，安排好护士的更衣、休息等辅助空间，保障护理人员在为住院病人提供良好服务的同时，自身也能拥有一个舒适、便利的工作环境。

（2）医生工作区域

在以往的护理单元平面设计中，医生工作用房通常和护理用房布置在一起，对住院病人完全开敞，病人可以随时随地的与医生进行接触。这种情况满足了病人心理上的安全需求，但同时也对医生的正常工作产生干扰。通过对护理单元中医生活动的分析，可以看出，除了每日的查房及特定的检查活动外，护理单元里医生通常不需要与病人有过多直接的接触，其对病人的治疗方案也是在巡诊查房结束，回到自己的办公室后，根据对病人病情的了解，制订相应的护理治疗计划，然后交由护士等执行。治疗方案的制订，除了自己的思考判断外，有时也需要与其他医生进行讨论、商榷。

相对于对病人呈开放型的护士工作区域，医生工作区域应适当封闭、独立，避免受外界干扰，以保证医生集中精力完成治疗方案的思考判断，而医生间相互交流和示教教学活动也不会对住院病人产生影响。

（3）病人使用区域

传统的病人活动区域通常强调病人休息区域应有安静和良好的朝向等条件，其设计重点也着重在病房内部的采光、隔声等物理环境的考虑。然而安静并不等于单调、贫乏。在保证病人得到充分的睡眠和休息的同时，也需要给他们以适宜的刺激，因为适当的刺激和变化，有助于病人调整自己的注意方向，可以避免产生无聊和孤独、厌烦的情绪反应。

一般医院多为一间病房有2～3间病床并配有卫生间，病房门入口净宽应为1050毫米，以保证单架车出入，门套应能抗冲击。壁柜按每床600毫米即可。座便器选用后背悬挂式对清洁有利。床头柜可用悬挂式。天花不易有多种造型，多用矿棉板或纸面石膏板。输液架预埋龙骨。灯光应多路控制。开窗为内倒开为宜，以满足通风、安全防护、方便清洁三种需要。入门口玻璃要选择透明无色。卫生间应外开，门下端可包200毫米高的铝板或不锈钢板。地面可用防滑地砖、橡胶块材等。

在护理单元空间病人使用的区域设计中，除了为病人提供合适的休息场所外，还需要考虑病人交流、活动空间的设置。良好的交往空间，可以帮助病人迅速融入新的集体，减少病人由于住院不得不离开原来习惯的家庭和社会生活后带来的紧张、孤独感以及在陌生环境易产生的恐惧和不便感，满足其对爱与归属感的心理要求。病友之间的交流沟通，相互鼓励，易为病人所认同，更有针对性帮助病人进行自我调节，提高其与疾病斗争，早日康复的信心。适当的交流沟通，还有助于那些位于康复期的病人逐步调整自己的心态，为结束住院生活，重返社会作好心理准备。交往活动空间应位于一个护理单元中比较中心的区域，与各病室有便捷的联系，保证所有的病人都可以方便地参与交往；同时，与主要的休息区域有适当的分隔，避免公共活动对需要安静的病人的影响。活动空间本身要有适当的划分和布置，拥有良好的朝向和景观，能够吸引病人停留交往。

（4）交通辅助空间

现代护理单元的设计还需注意交通辅助空间的设计。在保证整个交通体系明确通畅、各区域联系便捷、洁污流线分离等要求的基础上，对交通空间进行再设计。病人从原来熟悉的生活环境到护理单元接受各种护理治疗，需要尽快的把握周围的环境要素，减少陌生的环境所带来的紧张、压迫感。护理单元环境设计尤其是交通空间的处理，要注重提供足够的信息，有助于增强病人的安全感。交通空间的处理，可以结合色彩、材料、质感等诸多手段的运用，来联系、区分护理单元的各个区域。护理单元内部各病室的人口空间可以参照宾馆客房设计的一些手法，局部进行适当地变化，打破传统走廊空间平淡、呆板给人带来的千篇一律、单调压抑的感受，体现出病人对私密性和个性化的要求。有条件的地方还可以提供一些可以由病人参与布置的空间，从而加强病人对所处环境的定位，减少其无助、受控制的消极感受。

7.3.4　手术室

（1）整体要求

包括ICU、MICU及各类实验室、检验室等特殊空间。手术室的准备区、隔离区和手术区——三大区域，根据规模大小，按比例合理分割统筹考虑，包括房间设置、设施摆放、通道划分，医护人员与病人、家属之间的关系，要求高效有序。装修后的手术室不仅能很好地满足使用功能的要求，也为医护人员和患者营造了一个良好的医疗环境。

（2）专业要求

材料方面不产尘、不积尘、耐腐蚀、防潮、防霉、防火、易清洁。色彩方面要温和、淡雅，可为淡绿色、淡黄色。绿色与血液的红色互为补色，能减轻医护人员用眼疲劳，并对患者心理有平静作用。黄色有平衡情绪低落作用，避免与绿色墙面趋同。电气设计、净化空调设计、医用气体管线及终端设计等均应按专业化要求进行室内设计与装修施工。

（3）空间各界面要求

地面：地面应平整，采用耐磨、防滑、耐腐蚀、易清洗、不易起尘及不开裂装饰材料，百级手术室可选用防静电、抗菌、防火、耐磨的橡胶地板、淡黄色PVC地板；千级、万级手术室可选用米黄色水磨石板或人造石地板。注意橡胶地板或人造石地板，连同地面联成一体的阴角处理。墙面——成型铝板或塑铝板墙裙、防水矶理纹乳胶漆，做好接缝。地面不宜设地漏，否则应有防室内空气污染措施——如设置高水封地漏。

墙面：墙面宜采用轻钢龙骨隔墙，以利各种管线及墙上固定设备的暗装。面层应采用硬度较高、整体性好、拼缝少、缝隙严密的装饰材料。结合送风口、回风口、观察窗、嵌入式观片灯、器械柜、消毒柜、开关接口等，将墙面组合成整体，尽量减少凹凸面和缝隙。墙面可内倾3度，不仅可减少积尘，而且可使光线反射的角度有利于医护人员操作。踢脚板宜凹进墙面1厘米，并与地面成为一体，阴角半径为40毫米圆角。通道两侧及转角处墙上应设二道防撞板。

天花：天花需布置、安装高效过滤送风口、照明灯具、烟感灭火器等，各种管线均应隐藏在顶棚内。可选用轻钢龙骨600毫米 ×600毫米乳白色彩钢净化板吊顶，按缝用密封胶压条处理。天花顶面无影灯为暗装，可为二级顶面，二级顶两侧采用电动轨道，自动开合，尽可能减少污染。天花也可用铝扣板吊顶。

门窗：门窗应采用防尘密封隔音效果优良的中空双层窗，也可选用不锈钢或塑钢专用窗。门应采用自动感应式电动彩色钢板推拉门，并装有延时器，以避免手术中人员进出频繁的现象。

7.3.5　CT、X光室

这类空间设计重要的是满足防辐射的要求，依据设备厂商提供的维护结构铅当量选用铅板，将铅板复合在铝板背面。所有墙面除门窗外，均可用色彩淡雅的铝板架空安装，注意固定螺丝孔导致防护漏洞，最好为黏贴式。铅板门宜采用胶板装饰面，垂直方向一般无防辐射要求，可用铝扣板吊顶。

7.3.6　公共卫生间

医院公共卫生间的设计应立足于为病人创造更便捷舒适的使用环境，将人性化设计的理念落实到每一个细部，而不必拘泥于成规。应当大胆采用新式洁具、材料、设备，并且勇于探索因为采用这些新式洁具、材料、设备所带来的结构和结构问题，从而推动医院公共卫生间的设计不断提高。

医院公共卫生间的发展将是基于医院整体建

筑设计和洁具水平的提高之上。这种发展的动力不仅仅在于新型的易清洁的抑菌材料的问世和不断改良，也不限于运用灯光和色彩营造温馨健康的氛围。更重要的是将以医院公共卫生间作为特别的空间类型——隐私空间予以专门研究，从而推动这一类空间设计的总体水平的提高。

7.3.7 共享空间

空间是游移于物质与精神之间的虚幻的实体，空间设计是以人的体验为设计主线的，而建筑适宜的空间尺度感，为人特别是病人创造一个令人愉悦的意境空间，则是设计的一个重要出发点。医院的室内环境设计中重要的是中庭空间设计，好的中庭空间可以调节人的情绪，创造良好亲切的气氛，增强病人的信心和安全稳定感。而目前在许多医院中，狭窄低矮的空间、单调冷酷的色彩、浑浊的空气，给病人以繁乱喧闹的印象。如果在医院设计中，能在门厅部位采用宽敞明亮的玻璃采光顶中庭空间，在底层布置门诊、挂号、候药、小礼品店等，使各个空间相互通透流动、视野开阔；以中庭为中心，借助水平、竖向交通到达各层门诊科室，使自动扶梯与悬挂楼梯均构成空间景致。

实践证明，将中庭空间设计广泛应用于医院的门诊设计中，其空间体验效果较好，并且中庭已成为医院设计中惯常的一种模式。通过对病人的心理考察说明，医院的入口大厅不仅是一个等候空间，还是一个交通繁忙、人流量大的接待空间，人们在这里对医疗机构形成了第一印象。病人喜欢的治疗环境，既是高科技的，又是充满艺术趣味。

现代医院以“以人为本”为设计的宗旨，人性化设计应贯穿在设计的各个领域。以门诊设计为例，其空间的设计应该从净化门诊大厅，改善候诊环境、合理布置科室、理顺就诊流线等方面着手。病员使用的公共空间应宽敞明亮、环境清洁、舒适宜人，有一定的视觉焦点，有亮顶、楼梯（自动扶梯）、回廊、植物水景等构图丰富、充满生机的高大中庭，成为现代医院空间组织中心。这样的就诊环境氛围，能使病人情绪稳定、安心等候、减少孤独感，避免产生焦躁不安的情绪，获得良好的心理感受。

7.3.8 行政办公与后勤服务空间

行政办公室是医院开展所有工作的重要协调部门，办公室的行为代表着医院形象。医院后勤是为医院医疗、教学、科研等各项活动提供服务与支持保障系统，广义上包括总务、财务、保卫等部门。后勤工作贯穿于医院工作的每一个环节，医院各项业务活动都必须有充分的物质条件和服务作保证。后勤服务空间设计应根据医院的规模和处地环境，适当设置方便职工特别是方便病人的服务项目，如通讯、购物、餐饮、洗浴等项目，对有传染性疾病的病人应实行隔离管理。设计人员的观念应紧跟社会的变化和科技的发展不断更新，才能为医院设计出一个良好的工作服务环境。

思考题

1. 医疗空间的含义及功能要求体现在哪些方面？
2. 根据医疗空间内容的要求，进行相应医疗空间的室内设计。

第8章

观演空间

8.1 概述

观演空间在建筑领域内常指演剧建筑实体营造出来的建筑空间，所包括的内容极其广泛，如歌舞、音乐、戏剧、电影、杂技……历来是群众文化娱乐的重要场所，常作为城市中地标性公共建筑屹立于市中心区或环境优美的重要地段，成为当地文化艺术水平的重要标志，以及群众旅游、参观的文化聚集地。传统的公共观演空间的概念包含以下几个要点：

- 传统公共观演行为与空间的关系；
- 传统公共观演行为发生的场所；
- 聚落公共空间的组成。

这里仅就室内观演空间如剧场、电影院、音乐厅等室内公共空间设计进行阐述。建筑声学环境和照明设计是室内观演空间设计的重点。

8.2 观演空间主要内容和设计基本要求

室内观演空间的基本组成部分为前厅及休息厅部分、舞台部分、观众厅部分以及后台准备部分。

8.2.1 前厅、休息厅

前厅、休息厅的设计应满足观众候场、休息、交流、展览、疏散等要求，也附设一些商品销售区、服务台、卫生间等服务设施。以上空间可以兼合设计，亦可组合设计，设计上以简洁经济为主要原则。

8.2.2 舞台部分

一般观演空间的舞台形式主要有镜框式舞台、突出式舞台、岛式或中心式舞台这几种。

图 8-1
伊金霍洛旗影剧院。是伊金霍洛旗重要的文化工程，创意源于蒙古军阵中可汗的金帐，室内设计延续这一构思，运用新材料和新工艺，表达了蒙古民族室内空间的特征和文化内涵，在满足声学要求的同时，视觉享受与空间氛围的营造更为突出。

图 8-2
创意来源于蒙古包内部结构及装饰元素。大堂作为“金帐”的内部空间，迎接尊贵的客人。蒙古包顶部的圆形天窗造型被放大，利用膜结构的材质特性，与大堂的照明相结合。中心墙面网状的装饰编壁让人联想到蒙古包的“哈那”，局部墙面采用象征蒙古族千古不绝、万代绵长的传统纹样——卷草纹做装饰，体现吉祥如意的民族特点。

镜框式舞台　舞台表演区只有一面面向观众，演员和观众处于各自独立的空间内，具有一定的情感交流功能，但与观众交流的角度与面积有限，因此，常将前台（台唇）突出加大，成为突出式舞台。

突出式舞台　把舞台的主要表演区尽可能伸向观众区，部分观众环绕舞台，扩大了观众与演员的交流面积，方便其互动与情感传递。

岛式或中心式舞台　舞台的四周或绝大部分面向观众，观众和演员均处于同一空间内，演员和观众感情都能充分投入，创造出相互交流的氛围。

但岛式或中心式舞台也存在一定的问题，一是演员不能同时面向观众，总有一部分观众只能看到演员的背面或侧面，此外，剧情要求的布景、照明、效果、音响处理等方面带来许多困难和麻烦，不少现代剧场都乐于采取在镜框式舞台的基础上，吸收突出式、中心式舞台的优点，加以适当改善的折中办法，或利用机械设备升降舞台，改变局部墙体和顶棚的高度位置，及利用可调吸声体等办法，既可以在同一空间中改变成不同形式的舞台类型，又可调整观众厅容积和空间表面的声学特性，以达到满足不同演出功能的要求。北京的中国儿童剧场，其声学设计以满足话剧演出为主，在镜框式舞台的基础上，将台唇扩大为可升降的突出式舞台，并增大了排座的曲率，以便于演员与观众感情交流，边座观众也能看到 80%的表演区。其观众厅楼上为大排演厅，在国内首次采用隔声隔振的浮筏式楼板，使两厅互不干扰。

除了舞台，该区域主要设计的部分还包括幕布和乐池等。幕布一般有大幕、前沿幕、场幕、纱幕、二道幕、天幕、边幕、沿幕等，其造型各一，有对开式、蝴蝶式、提升式、串叠式等，可根据实际情况需要选择设置。根据表演内容的不同，乐池伴奏所需求的设计也有所差异。

8.2.3　观众厅部分

观众厅的平面形式一般有矩形、钟形、扇形、多边形、曲线形等多种多样，根据观众容量、视平面要求、声学要求和建筑环境进行组合设计。

观众厅的音质设计是关键所在。根据观演关系组织平面、剖面确定舞台的形式，根据表演特点、声源特性确定观众席的形式，同时根据声学的要求确定观众厅或观演厅的体积、混响时间，协调灯光、

图 8-3
600 人多功能厅顶部一袭贯穿空间的红色飘带，使观演中观众与演员的关系更为密切，空间上增添融合感。

图 8-4
铜仁大剧院方案图。设计理念是庄重并赋予时代感和东方民族文化特色。

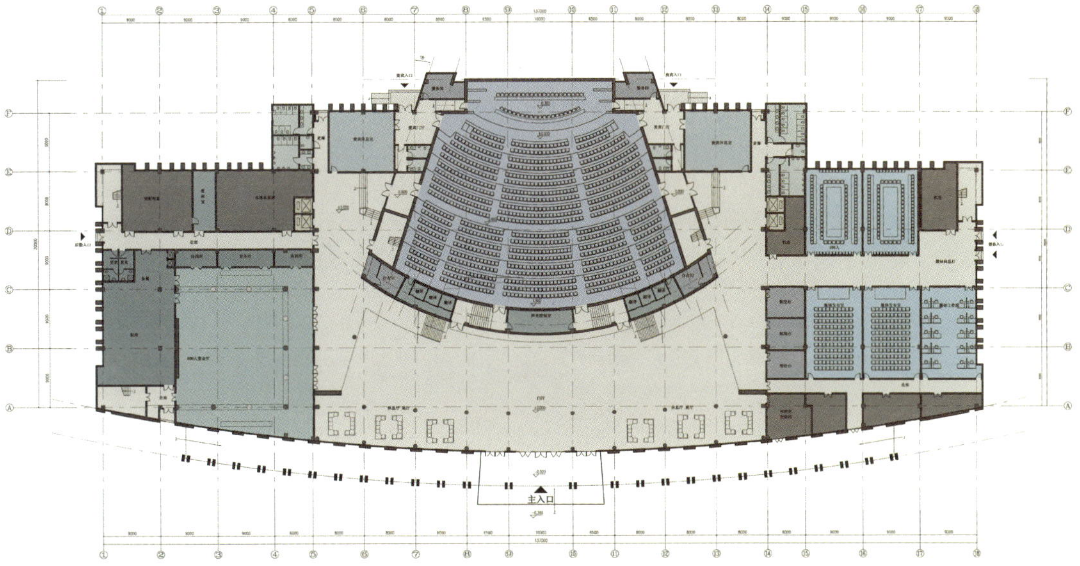

图 8-5
某援外会议中心

声学、空调、消防等系统之间的关系，塑造观众厅的体型。

大型音乐厅、综合剧场等观众厅较大的厅堂顶棚，一般设置空间声学反射体（亦称浮云式反射板），以弥补天棚早期反射声的不足并缩短其延迟时间，其造型可以多样化设计，增强观演空间的观赏性。

剧场均需设置有靠背的固定座椅，座椅的排距为硬椅不小于 0.8 米、软椅不小于 0.9 米，台阶式排列的观众席排距可适量加大；双侧有走道时最佳座数为 22 座，靠墙的座数不超过 11 座。观众厅内走道的布局与观众席片区容量相适应，顺畅通达安全出口，宽度符合安全疏散的计算要求。

8.2.4　后台部分

后台部分包括化妆室、休息室、排练厅和调音室等演出用房和其他维修间、库房、卫生间等辅助用房。化妆室要靠近舞台布置，小道具室应靠近演员上下敞口的附近设计，休息室和调音室位置要与演员出口处联系方便，同时又不能离主舞台太近，以免对表演造成干扰。后台部分的设计规划应以简洁明确为主，各部分分区明确，联系紧密，互不干扰，方便实用。

图 8-6
600 人音乐厅为圆形中心式舞台，吊顶造型寓意为展翅雄鹰，有效组织空间声反射系统。

8.3 观演空间设计原则

8.3.1 具有良好的视听条件

视觉上清楚、听觉上清晰，是观众、听众对观演建筑的最基本要求，也是观演建筑设计成败的关键。室内设计必须根据人的视觉规律和室内声学特点，解决视听的科技问题，因此观演建筑室内设计具有高度的科学性与专业性。

8.3.2 创造高雅的艺术氛围

欣赏各式各样的艺术表演，既有娱乐性又具教育性。

8.3.3 建立舒适安全的空间环境

观演空间应以人为本，因为演出时间较长、观众人数众多，因此，要求室内具有良好的通风、照明，宽敞舒适的流动空间和座席，安全方便的交通组织和疏散，使观众能安心专注地观赏演出。

8.3.4 选择适宜的室内装饰材料

选择室内装饰材料应既能满足声学要求，又有良好的艺术效果，把装修艺术和声学原理结合起来，充分体现观演建筑室内艺术的特征而别具一格。

8.3.5 避免来自内外部的噪声背景

外部主要是环境噪声，因此对门厅、休息厅等区域与外部尽量形成封闭式空间，而对观众厅的对外出入口应设置过渡空间，使观众厅周围的出入口均起到“声锁”的作用。其次是通风，空调等机电设备发出的噪声应使其房间远离观众厅或进行充分有效的隔声措施，设置必要的消声器、减振器等，以避免空气传声和固体传声。

8.3.6 剧场、电影院的座位布置

要使观众能满意地欣赏表演，首先要看得清楚，根据不同演出有不同的要求。

① 如话剧、小品等许多细致的面部表情举止很重要。

② 对大型演出如歌舞等，希望能看到完整的动作和场景。

③ 对电影画面，要求不变形和有良好的正常视觉。

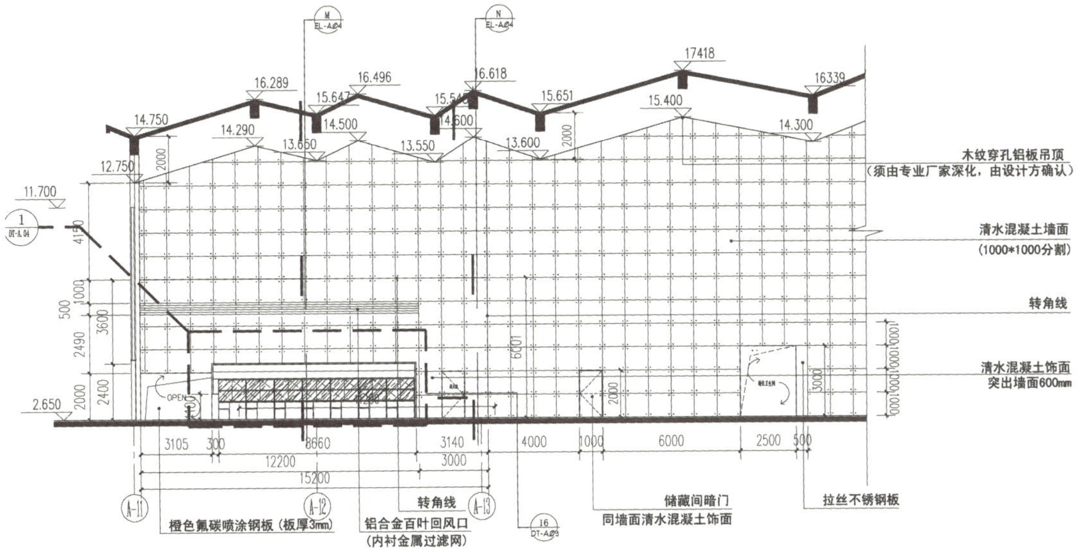

图 8-7

项目选材精细，不仅能满足声学要求，而且具有良好的艺术效果，典雅大气、不拘一格。

8.4　观演空间照明设计

8.4.1　舞台照明

舞台照明首先应有足够的清晰度，使观众能看清演员的动作和表情；第二，应使人物具有一定的立体感和优美的造型，使演员的形象更真实动人；第三，应充分利用照明的光色效果加以渲染气氛和表达剧情。

舞台照明包括：

面光：布置在观众厅顶棚上或挑台、后墙等处。

耳光：布置在观众厅侧墙上，内侧光布置在台口内两侧，操纵台上和侧面靠墙天桥上。例如：北京国安剧院，采用曲线型漫反射顶棚，结合面光照明布置，在剖面图中可见面光、耳光的位置。

脚光：布置在舞台前沿灯槽内，长度与台口长度相同。

图 8-8

项目为了改善声学反射，将墙面设计为 GRG 板不规则曲线，并以 2 米为单位向下方稍作倾斜，减少混响时间过长的问题，并保证声音向观众席反射。为满足不同演出功能所需的声学要求，结合升降舞台设计了三种不同的演出模式：音乐会模式、驻场演出模式、歌舞演出模式。将部分观众席高度抬升，形成岛式看台。将岛式看台向前与侧面栏板面做折线形式反声体，为观众席中区提供更好的声音反射。

天幕灯：在天幕下灯槽内照射天幕。

此外还有设在表演区后面的彩云灯，在天幕上悬挂或反射或正照的星月灯，以及变幻灯、活动照明等。

8.4.2 观众厅的照明

观众厅的顶棚形式应考虑能隐藏光源和声学上的特殊要求，因此，常作成一系列锯齿形状的吊顶，把荧光灯隐蔽在朝向舞台方向一边，并能利用半导体调光控制照明在演出开始时逐渐微暗下来，同时，也辅以装于同一顶棚中的壁龛式白炽灯下射照明，并使荧光灯和白炽灯在楼座上都能获得相应的布置。按照日本标准，在演出休息时观众厅的照明照度为 50 ～ 200 勒 [克斯]，上演时照度应降低至 3 ～ 5 勒 [克斯]，从安全上考虑，应保留 3 勒 [克斯]。观众厅指示灯在过道中心线上，形成 0.2 勒 [克斯] 以上的照度，太平门标志灯用减光式指示灯，并使减光 20%，停电时减光 36%，火灾时开亮到 100%。事故照明应另设电源，在观众厅边角处，设若干最低为 1 勒 [克斯] 的 150 ～ 200 瓦反射型投光灯泡的嵌入式下射照明，平常关灯，事故发生时，开亮到 100%。

思考题

1. 对观演空间不同的功能区域进行考察、调研，考虑其设计的要点。
2. 根据观演空间不同内容与功能的要求，对舞台区域进行针对性功能分析与设计。

第9章
公共空间室内设计过程详解

作为从事室内设计的工作者，应该有坚实的理论基础，更重要的还要有实践经验，理论与实际的结合是做好室内设计的必然条件。那么没有实践经验的学生怎么办呢，这也是我们教师在思考的问题。本章即想通过对典型的室内设计实例的分析与讲解，将实际项目的操作程序与操作方法，通过精练、简洁的文字，形象生动的图形、图示、图例展现给学生。直观地向读者叙述实践操作中重要的环节与细节，展示基础理论在实际项目中的应用情况。在这个部分，我们将以新江湾文化中心室内设计为例，提供给那些没有实际操作经验的学生一个对实际项目较全面的、有条理的、直观的认识。

室内项目的设计过程，一般情况下总体分成前期方案和后期施工图两个阶段。我们在这里将设计过程中的前期阶段分为信息来源、现场踏勘、前期交流、初步方案、反馈调整、确定方案等六个部分，后期阶段分为施工招标、设计变更、现场服务、配饰设计、展示设计、综合评价等六个部分。在后期空间配饰设计与企业文化的展示设计内容，严格意义上说应由配饰设计公司与文化创意公司来做，因为实际操作中这两项工作均由室内设计单位设计，故此，一并向学生介绍。

9.1 前期方案阶段

9.1.1 信息来源

设计单位承接项目的设计任务，其信息的来源是多方面的，不同的设计单位其项目信息的来源也各不相同。这种信息往往与设计单位的知名度、业绩、资质以及信息渠道的掌控能力等等诸多因素是分不开的。

9.1.2 现场踏勘

现场踏勘是项目设计的基础，是设计人员对于设计现场的诸多现实条件与情况的勘察。一般在招投标组织活动中，由招投标代理机构组织，业主代表，设计人员及各投标人共同到现场完成踏勘工作。这个阶段是非常重要的阶段，这里的设计人员所掌握的现场资料情况，包括业主提供的项目基础图纸资料（一般指已竣工的建筑图纸；其中包括建筑结构，机电设备、给排水、消防等）都是做好室内设计最重要的条件。

更重要的是，对于前期资料的准备与现场踏勘，要求必须由有一定经验的设计师完成，设计师不但要对室内设计的诸多因素有相当的经验，而且要对建筑的技术条件，室内空间条件有充分的认识，尤其是对于未来的室内设计影响较大的那些因素。例如室内空间划分、建筑框架的设计与建筑空调管道在室内梁板下的分布状况；室内消防通道与消防分区；空间顶棚形式与顶棚高度等等均有重要影响。

理想的室内设计应该与建筑设计是一体的，即建筑设计与室内设计是同时进行互相渗透、相辅相成、统筹考虑的。但中国目前的室内空间设计一般是在建筑设计施工完成之后进行的二次延伸设计；某种意义上说，室内设计是建筑设计在室内的二次设计或者叫做建筑的再设计，所以我们所说的室内设计师必须在原有建筑空间的基础上进行的优化设计，建筑设计在前室内设计在后，所以对于建筑的基础设计资料的深入了解与研究，是做好室内设计的必然前提。

9.1.3 前期交流

对于同一个空间的设计，不同的设计师会给予截然不同的设计答案，在没有任何条件的限定下，同一个设计师对于同一个空间，也会有若干个不同的设计答案，也就是说对于一个空间设计的答案永远不是唯一的，但任何一个空间的设计最终一定要落实到一个设计方案上，才能付诸实现，那么这个设计方案一定是设计师与空间使用者共同理想的结合点。

很难想象一个好的设计是设计师在不了解业主的需求的前提下；没有与空间的使用者有过任何形式的交流而做出来的。一个好的设计不但是设计师想做的，更重要的是业主想要的，设计师与业主之间深入的交流，不断地碰撞思想，尤其是在项目设计的关键环节上，对于总体设计的深入与推进，起

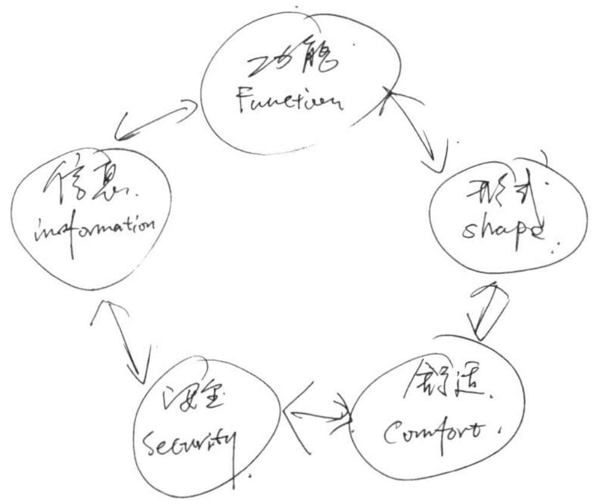

图 9-1
设计思路往往是在草稿纸上形成的

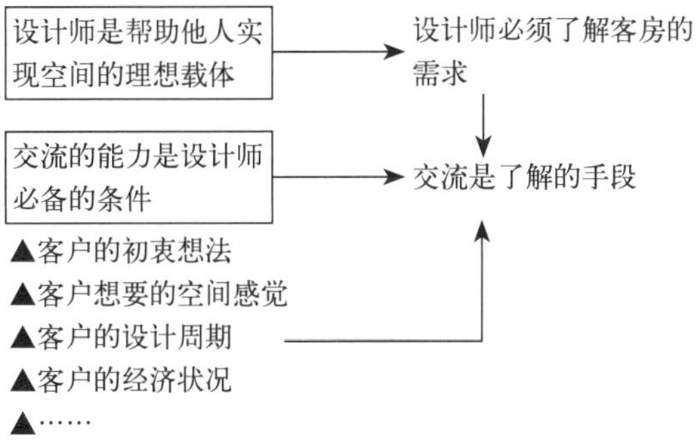

图 9-2
提供各个空间的参考资料是前期交流的重要方式

到至关重要的作用，多方的交流与讨论是必不可少的过程（图 9-1、图 9-2）。

9.1.4　初步方案

一般来说，一个室内项目的设计过程是要经过前期方案阶段与后期施工图阶段，待在前期方案确定之后，进入深化设计与绘制施工图阶段，待在完成设计施工图纸，进行施工招标之后，进入现场施工，还要经过施工图调整与变更阶段，待施工结束，完成竣工图，最后结算，一个项目的完整的设计及施工过程才算最后完成（图 9-3）。

前期初步方案是形成最后确定性方案的必备阶段，可以说没有早期的设计方与使用方的深入的讨论与交流，形成前期意象方案，就不会有后面的成

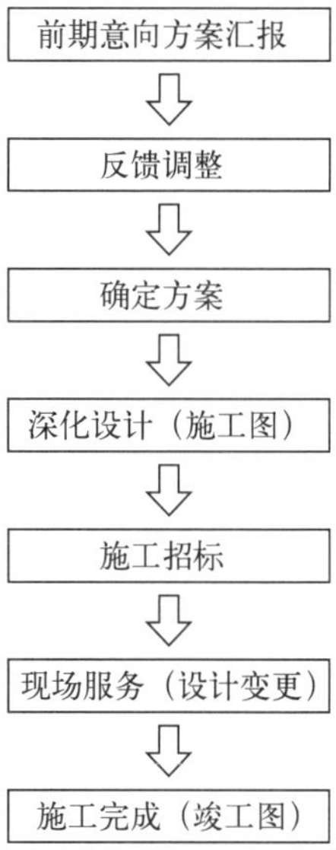

图 9-3
设计流程示意

熟的确定方案。前期方案设计阶段，大体可以分为意向方案、调整方案、确定方案三个阶段。

首先，通过建筑图纸以及现场踏勘取得的资料进行综合而深入的分析，组织讨论，并且，对业主在项目中的使用需求做出综合评价，将功能分析、交通流线、空间布局等重要因素做出方案分析，确定设计方向以及设计定位，在这个阶段要对设计方案做出多种选择尝试，避免过于保守，只有这样才能突破性地给业主提供更多更新的方案可能性，前期方案设计的出发点首先要解决为什么设计，弄清楚这个问题才会知道设计什么。设计师应该经常换位思考，始终将以人为本的设计宗旨放在第一位（图 9-4、图 9-5）。

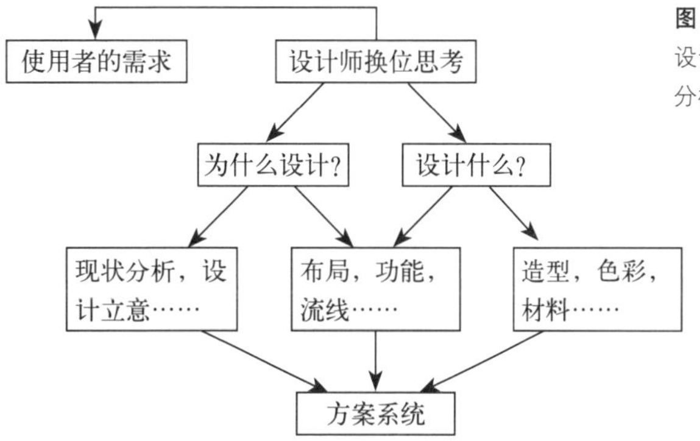

图 9-4
设计方案的出现是综合分析的结果

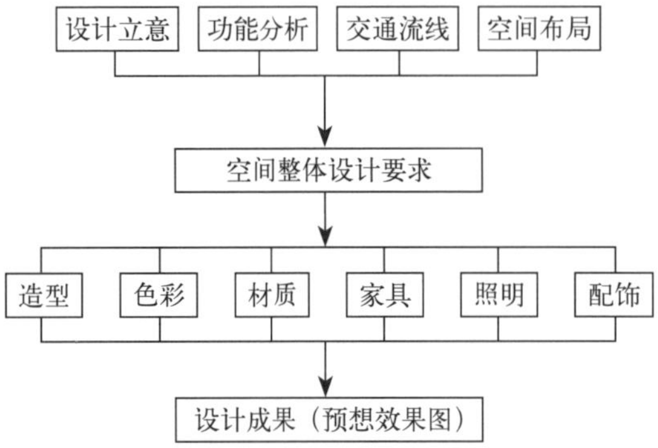

图 9-5
空间整体设计分析图

9.1.5 反馈调整

前期方案一般要经过多次反复，讨论，修改，才能最终被确定，即使是投标，中标方案在方案付诸实施前一样会有相应的修改，这也是很正常的。

这种调整往往是综合不同的角度、不同侧面的意见。这期间就要求方案设计者既要听取来自各方面的声音，又要对自己的设计有足够的信心，坚持那些自己认为有生命力的东西。同时，也要听取积极的意见与建议，对不成熟的地方进行调整与修改。但修改往往是局部的，如果是大范围甚至于推翻性的调整则意味着设计的出发点出了问题，可能是在交流阶段双方对于核心问题认识是有差异的。

在初期方案听取反馈意见时，其表现形式往往非常注重视觉感受。在实际方案汇报中，设计师颇下了一番工夫，其中包括主要楼层的平面分析图、意向草图、参考图片，以及局部空间（入口、中央大厅）的效果图，它们共同组成一个完整的汇报演示文件。这种汇报过程，也是双方相互交流，碰撞思想的过程。其中有汇报、有提问、有争议、也有评价。在这期间，设计师不但要有信心、有决心、有耐心，还要有高度的社会责任感。也是在这样的过程中要求设计师具有综合的应变能力，设计师的专业素质与逻辑思维能力，表达能力等等，都得到了检验。

9.1.6 确定方案

前期方案只有经过反馈调整得到确认后，才能真正进入各部分的深化设计。

确定方案既是发包方审批的结果，也是专家论证的结果，更是设计师努力的结果。在此阶段，设计师要具有高度的责任感和自信心，审时度势，引领业主对设计的内容渐渐的接受，充满信心，甚至充满期盼。

一般室内前期的方案设计内容，包括平面布置图、简单立面图、设计说明、各系统说明及效果预想图等等。在做了大量前期铺垫文件之后，前期方案的深化工作显然具有了方向性和明确的目标，这样会提高工作效率。发包方代表对于设计的认定实际上是对最集中关心的核心问题的认定。在设计协议签订后，甲乙双方正式的委托关系建立了，设计师们进入全方位的方案展开设计，在这个阶段，方案设计会更全面更投入。

9.2 后期施工阶段

9.2.1 施工招标

在设计完成后，现场施工一般要通过施工招投标来确定施工单位，进入施工阶段，施工图是施工招标的依据（图 9-6）。

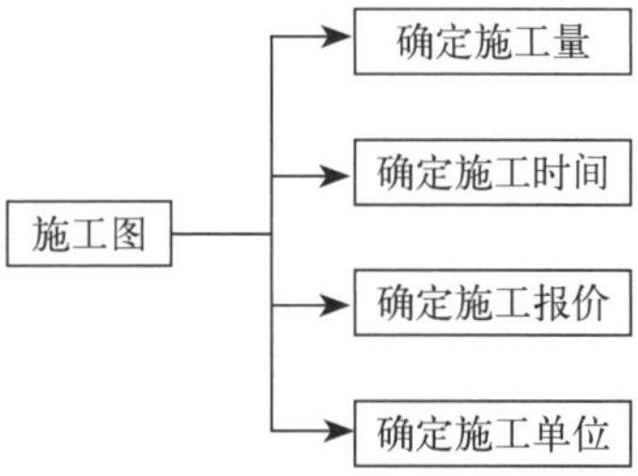

图 9-6
施工图的作用

施工图绘制是将设计方案落实，将方案进一步深化的过程。这个阶段要求非常严密、理性、来不得半点模糊与虚假，装饰施工图涉及的专业较多。往往是多个专业的专业人员在一起碰撞、交流、共同探讨，将未来施工现场容易出现的矛盾与问题在施工图中尽量预想周到，以免出错，给后续的工作造成麻烦。只有通过施工图才能统计施工工作量的大小，在施工招投标中成为施工单位报价、确定施工时间等的依据。

在实际操作中，常把装修面积分成若干个标段同时进行。标段就是把一个工程分为几个部分，分别招标，每部分为一标段，一般项目规模较大时，为了提高施工质量，加快施工进度，施工单位往往不是一个，一般由多个施工单位共同完成，分别进行不同区段的施工。由于前期方案的反复方案时间较长，给后期施工图的制作留的时间太少。所以，集体作战，日夜兼程，组织编排、会审工作有条不紊，终于按时向招标公司交付了施工图纸。在施工队进场时，设计单位携带完整的施工蓝图，进行了现场设计综合交底工作。

发包方通过招标公司对于施工图进行重新审核，制定招标计划，最终了解施工企业报价。

9.2.2　设计变更

这里的设计变更是指施工图绘制出来后，在施工现场指导施工的过程，经过设计单位、建设单位和施工企业洽商同意对原设计进行的局部调整与修改。在施工过程中，由于现场情况复杂，施工图与现场难免会有不相符的地方，需要现场调整解决。一般这种调整是更优化的调整，不会影响大局，再有就是设计方案在现场实施出来与预想差距偏大，也可经甲方同意后进行调整（图 9-7）。

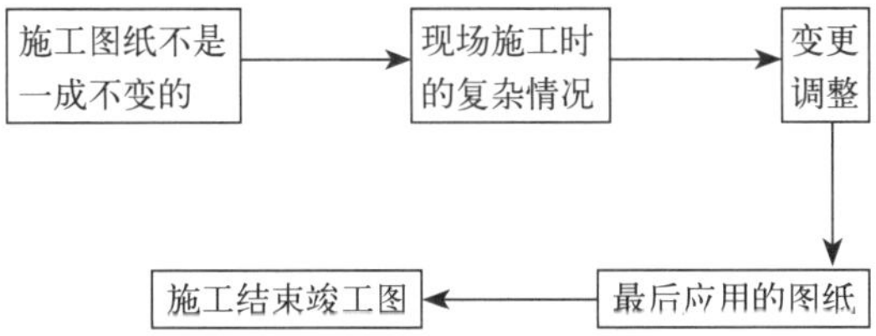

图 9-7
设计变更过程示意图

总之，设计变更是为了更好的解决施工现场的实际问题，正规操作程序必须是发包方、设计方、施工方三方协商签字，以免完工发生责任争执。

设计变更是施工过程中经常出现也是必然出现的环节，设计师要本着实事求是的工作态度，积极面对施工阶段对于设计的调整，顾全大局，设计调整以符合总体设计为原则，不断优化设计方案，而不是与总体设计相背离。

施工途中出现的各种问题，需要设计方与发包方、施工方进行必要的沟通，及时调整方案，以便工程顺利进行。

9.2.3　现场服务

设计单位要树立良好的服务观，这种服务意识渗透在设计过程和施工过程的每一个环节、每一个细节中。

一个好的设计，能够在现实当中实现是其根本原则，实际项目操作中，设计师现场配合及时，积极协调解决实际问题，对于设计单位，虽然增加成本和投入，但从长远看，良好的实施结果，会扩大设计单位的可信度和知名度，设计师也可通过现场实践，解决现场的矛盾和问题，不断增加设计经验（图 9-8）。

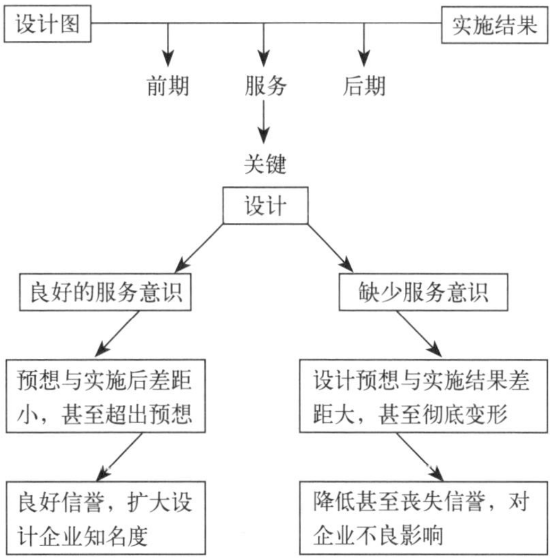

图 9-8
现场服务图解

以往，大的设计单位均为国企。管理机制比较滞后，经常是设计院交出图纸后，施工现场缺少技术配合，施工与技术出现脱节现象，导致完工后，很多地方“走样”，达不到预期效果。大大降低企业信誉度。设计师的想法和预先的方案设想得不到良好的实施。

这些年来，随着设计企业的不断改革，企业内部不断增强活力，商业意识不断提升，服务意识已成为许多设计企业文化理念的重要内容。

9.2.4 配饰设计

任何的公共空间设计都缺少不了配饰设计。配饰设计是室内设计最后的步骤，没有配饰设计空间设计也往往是不完整的，它是室内设计后期非常重要的点睛之笔。一般情况，配饰设计应包含在室内设计工作中，但现实操作时，配饰设计也经常由室内设计师来承担，随着室内设计专业化程度逐渐增高，已出现许多专业的配饰设计公司和专业的配饰设计师，将配饰设计更加专业化、系统化，这也是室内设计发展的必然趋势。

要想做好配饰设计，必须是室内设计师与配饰设计师共同努力才行，才能将配饰设计与室内设计形成更深层次的结合。因为配饰设计是室内设计的一部分，是提升室内空间品质，增加空间特质和氛围的设计。也就是说配饰设计是为空间设计服务的，而不是抛开空间设计独立存在的。单纯的强调配饰品本身，就成了物品的展示，失去了空间设计的意义了。

一般空间配饰设计主要有两大部分内容：整体家具配置（不同的功能空间配置不同的家具）、装饰配置（如墙饰、窗饰、地饰、雕刻、壁画、绿植等等内容）。

配饰设计是室内设计中非常重要的部分，它既是空间设计的组成部分，又有独特的审美价值。对于配饰的认知与应用，尤其是与空间的关系的把握，都要求设计师具有较高的艺术鉴赏和设计能力，精彩的配饰设计也正是设计师综合素质的集中体现。但大型的配饰设计就要求室内设计师与艺术家共同完成。

9.2.5 展示设计

室内设计师对于空间综合配置系统与文化内涵的展示要具有较全面的理解力和控制力。这里说的展示设计并不是通常意义上的商业展示设计，而是指文化中心内所具有的文化展示范畴的设计。严格来说，它不属于配饰设计的范畴，但它在提升室内环境的品质和视觉感受的意义上说，具有与配饰设计异曲同工的作用。

9.2.6 综合评价

设计项目是否能够得到使用方的满意评价取决于很多方面，总体应该满足以下条件：

- 把握设计方向较正确，环节过程中设计跟进较紧密。
- 专向设计投入（如声学设计、电系统设计，智能系统设计、配饰系统设计等）。
- 良好的团队配合和积极的服务意识。

总之，作为设计师一定要有良好的职业素质和积极的工作心态，踏踏实实，循序渐进，善于总结和积累，就一定会有好的成果，实现自己的理想。

9.3 设计案例详解：新江湾文化中心

9.3.1 项目概述

新江湾城位于上海市东北部，规划面积 9.45 平方公里，是上海市中心城区最大的可供集中成片开发的土地。新江湾城总体定位为“绿色生态港、国际智慧城”，将建设成为一座知识型、生态型花园城区和城市住区。每一座建筑作品都是这个生机盎然的有机总体不可或缺的组成部分，并为新江湾城而展示着自身的风采，表述着自己的个性（图 9-9）。

文化中心既是新江湾城核心建筑之一，也是节点空间，所以要把各项设计活动放到生态背景中考虑，准确把握新江湾城“生态”和“知识”的主题。室内设计中既要体现出对环境的尊重与和谐共生，又要体现利用上的可持续性、生态技术对人的关怀，以及富有生态文化和艺术内涵。文化中心位于占地 17 万平方米的中央公园西南角，占地约 1.5 万平方米，向东是中央公园内自然形态的人工湖面，西、北临街，掩映于整个新江湾城的自然生态之中，环境优美，交通便利，具有新江湾城特有的自然与人文相交融的环境特征。

图 9-9
新江湾文化中心

9.3.2　设计构思

新江湾文化中心的建筑设计针对特定的内容和环境，围绕自然生态的主题，采取建筑与环境景观设计相融合的设计方式，通过营造人的行为和环境形态之间的相互依存关系，宣传一种以人为中心的、整体的环境意识。

建筑设计借助古老根茎的构思，把人的活动、植物的代谢和建筑形态合为一体。在令建筑融入环境的同时，最大限度地换取设计概念对于整体环境形态和风格的统领和主导性。形式设计的最终目的在于引导一种植根于环境的行为方式。在这里，人的行为无法脱离自然环境，而自然环境因人的存在而具有意义。这个过程不是静止的，而是同自然演进一样，不断衍生出新的内容和意义。

“根”与“石”两种基本形式元素构成了一个矛盾的统一体，借助相互间对立而错综关系获得动态的平衡和内在的张力，而非单纯的一致。有机体和无机体之间的碰撞、对比、转化和共生，表达出自然界永恒的变化状态。

文化中心不仅是景观性的，也是功能性的。南北向的建筑主干将空间划分为面向城市道路和面向公园景观的两部分，形成城市环境和自然环境的过渡，动、静分区明确，根须状的建筑支脉进一步细分出建筑内外的功能分区，和缓的坡度和地面相连的园林化屋顶达到了景观和生态的双重考虑。

9.3.3　前期方案

本案中，将文化中心的各种不同功能的空间，系统分类整合，按照设计要求，完成全部前期方案的设计文件（图 9-10 至图 9-13）。近百张的效果意向，是设计方对于设计项目的超额投入。

9.3.4　设计风格

新江湾文化中心的室内设计一方面应与建筑设计风格统一，同时应有一套内外呼应而又相对独立

图 9-10

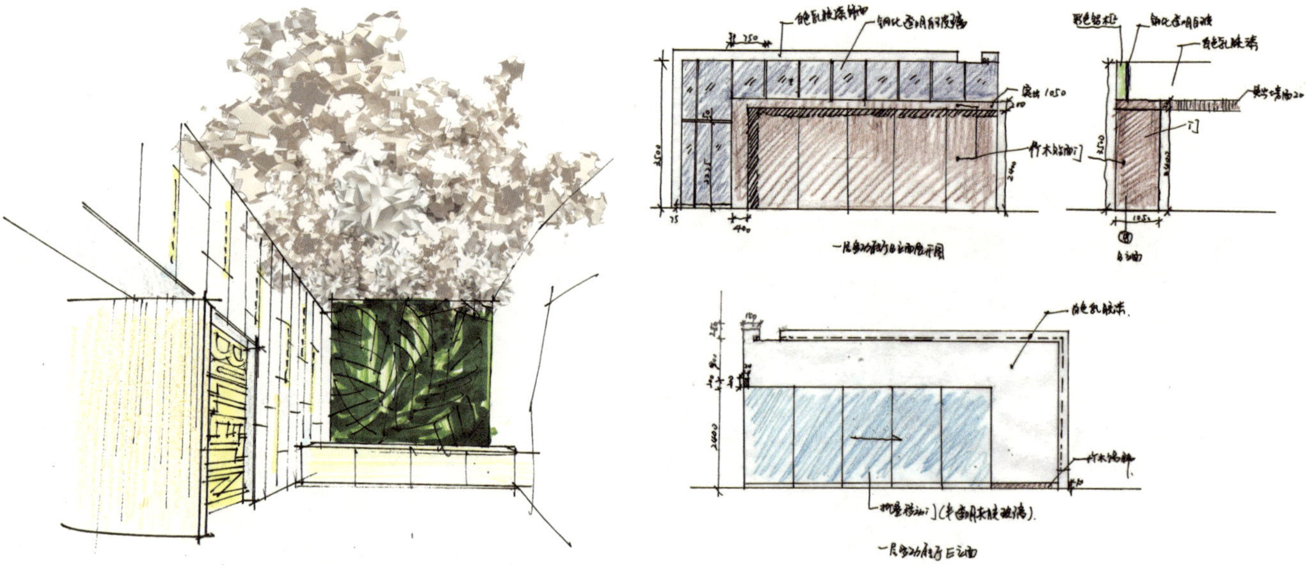

图 9-11

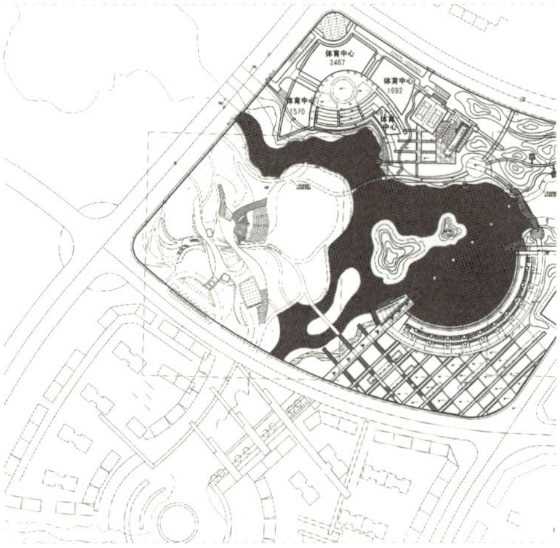

总体平面图

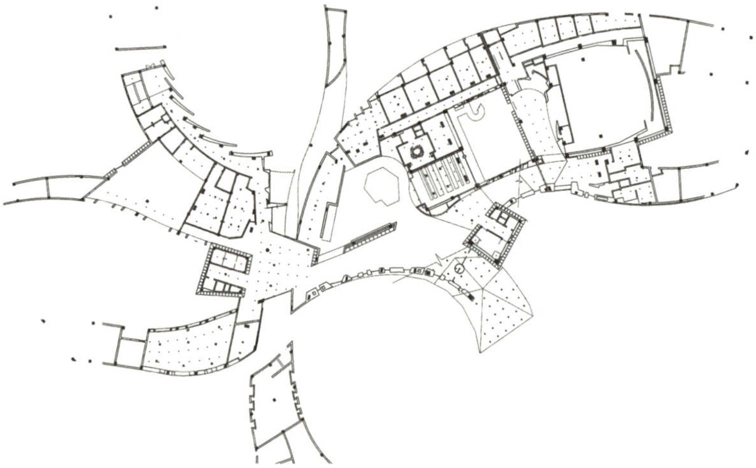

首层吊顶平面图

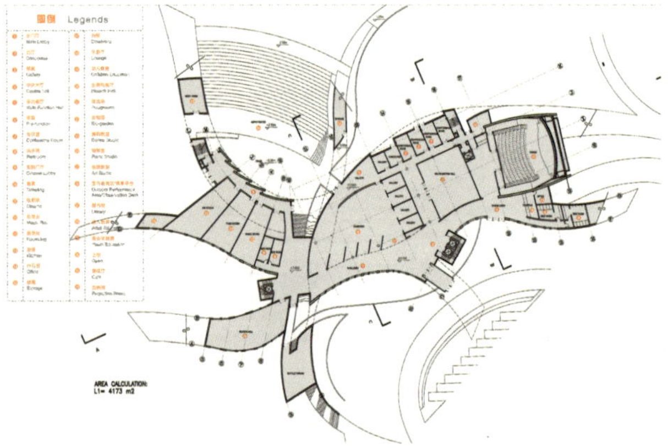

一层平面图

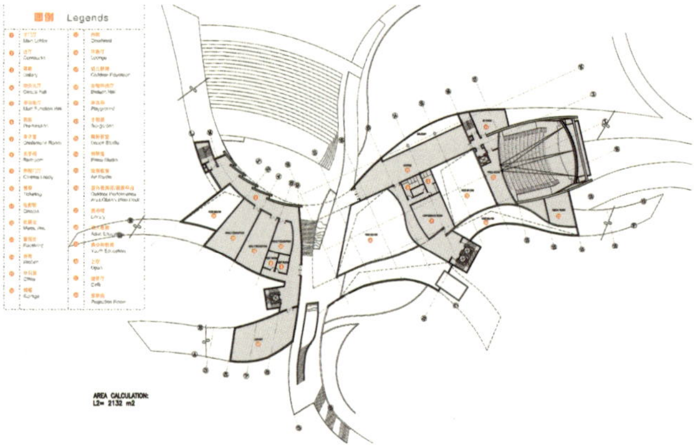

二层平面图

图 9-12

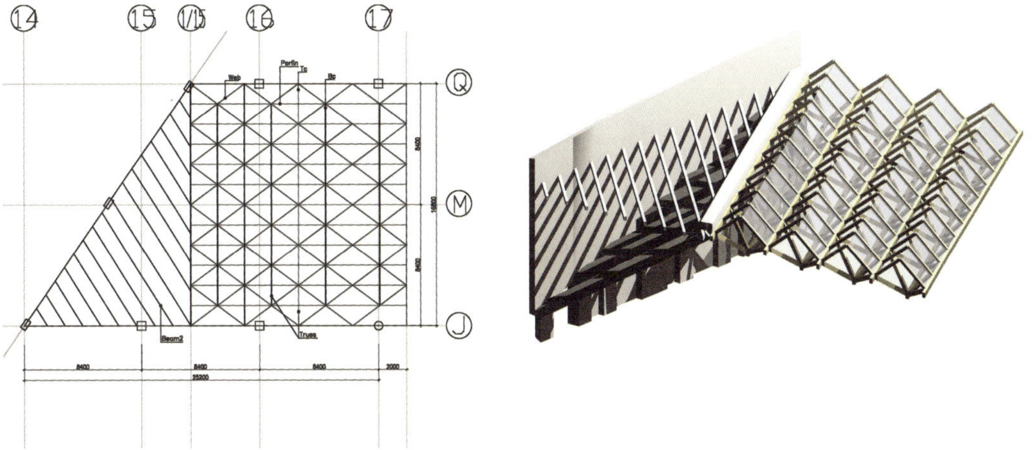

图 9-13
屋顶桁架平面图

的空间和性格特征。总的基调仍然是具有现代感的简洁、质朴、自然，强调整体感和动势。在沉稳而略为含混的背景环境中，借助局部的光影、形式、材质以及色调的对比，表现新生的意象。

造型：将建筑语言在入口空间中得以延续，形成建筑室内外视觉的连续与过渡，达到内外统一的效果，运用线性语言让空间富有秩序与节奏以及韵律美感。大量运用平直线条与块面，以最简洁的方式组合，让原始建筑结构（如柱，梁，墙，顶等）成为造型语言的一部分，进行有机组合，形成一个完整的整体。

色彩：文化中心的内部空间较之外部具有更多的色彩表现，相对于主要涉及元素，采用“植物”与“土石”两个色系。大面积背景采用介于二者之间暖灰的“土 - 木”色，在含蓄、沉静之中透过细微的变化而隐含活力。重点装饰位置采用植物色系，以淡绿色、黄色等较为高调的色彩表现初生的状态。

材质：运用装饰混凝土（深浅间杂的暖灰色，轻度磨光表面），Venetian Plaster（略带黄、绿倾向的暖灰色），悬吊装饰布膜（近似叶形，多片组合，半透明，淡黄、淡绿、白色），作为空间主材料来传达自然的美感（图 9-14）。

照明：照明不但要考虑到灯具造型，色彩等视觉因素，更重要的是通过专业的照度计算，设计照明方式、灯具种类、灯具数量、灯具排布尺度等专业内容。文化中心入口的照明采取了布膜之间的暖白色吊灯及背后的彩色射灯。

配饰：大厅厅正面及两端墙的大型生态环境主题壁饰（抽象雕塑、单色图片）、壁龛等处的局部装饰（图 9-15），大堂中央圆润光洁的石中碧玉，垂落式幻彩小树叶自动发光变色，表现出四季的轮回（图 9-16）。

图 9-14
材料样品

图 9-15
主题壁饰

图 9-16
幻彩树叶装饰

9.3.5 根据各主要功能空间设计及要求，确定方案

在这个项目中，工期紧、要求高，要以最快的速度完成设计方案就成为体现设计实力的象征，经过团队的全体努力配合，超额完成任务，对于设计上存在的局部问题，又进行了相应的修改与调整，最后确定设计方案。

通道功能区：本案中对于入口和走廊的设计探讨的反复过程是最多的，在入口和走廊的设计中，业主对于这个空间十分重视，因为他们深知这个空间是总体内部空间的“脸面”，这个空间如果设计出现失误，将会影响整个项目（图 9-17 至图 9-21）。

展示功能区：主要是不定期地进行各类主题展示活动，进行各种交流，为公众提供本地的、城市的甚至世界的丰富信息和资源。近期可考虑作为新江湾城的规划展示。其中多功能厅在考虑艺术品位的基础上应设置现代化的视听设备，体现时代气息和良好的服务功能要求（图 9-22）。

图 9-17
入口门厅及走廊平面

图 9-18
入口透视图

图 9-19
接待台透视

图 9-20
入口透视图

图 9-21
走廊南段透视

图 9-22
中央展厅最终方案

图 9-23
电影院平面图

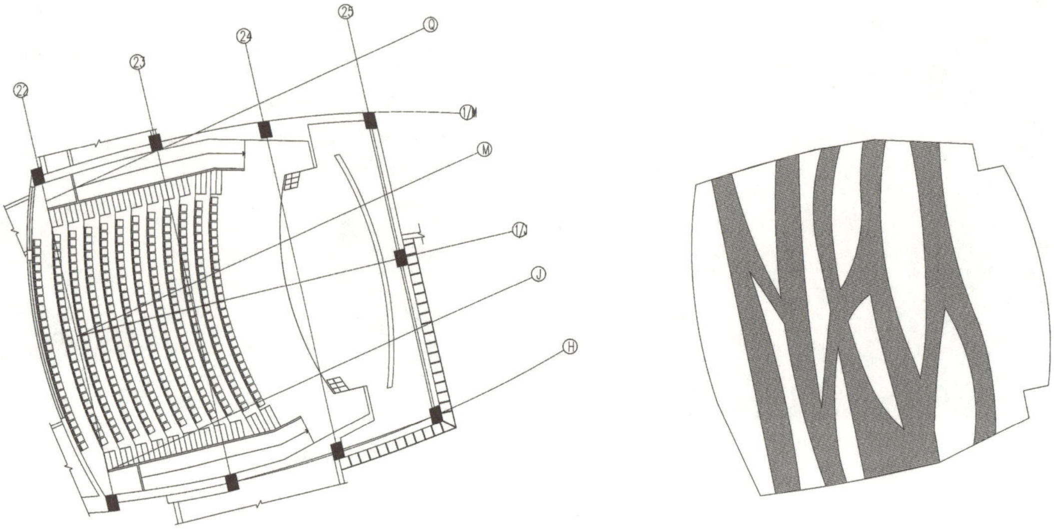

图 9-24
电影院透视图

放映功能区：可放映电影，又可进行各类文艺演出，同时也可用做大型会议厅，设计中应对空间的多功能性、活动的互动性，以及音响效果和同声翻译系统等技术因素做出周密考虑（图 9-23、图 9-24）。

办公功能区：主要分为办公室区和会议区（图 9-25 至图 9-29）。办公室区应从实用、经济、大方的原则出发，根据功能需要做出不同标准的设计，满足功能和办公自动化的需要，体现亲和力、高效、务实和团队精神。会议区主要有会议室和贵宾厅，

图 9-25
办公室透视图

图 9-26
二层会议室透视图

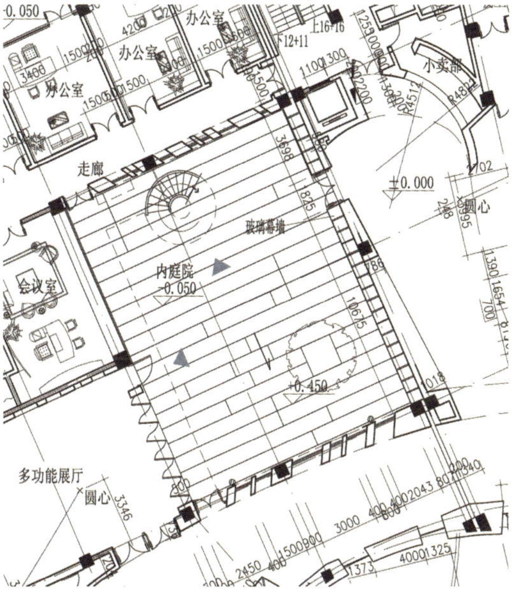

图 9-27
贵宾接待厅平面

图 9-28
贵宾接待室透视图

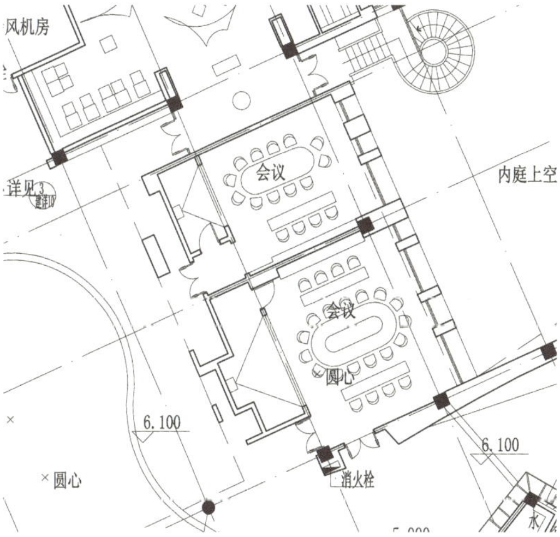

图 9-29
会议室平面

图 9-30
图书馆透视图

设计应简洁、明快、安静，体现现代化的装饰会议系统，要有较高的文化品位和艺术特色。

图书馆：图书馆室内设计须符合文化中心建筑设计的总体要求，与周围功能区域相协调，以高效、安全、舒适、美观为基本原则，使之成为一个有吸引力的、舒适惬意的、有高弹性使用要求的空间（图 9-30）。设计应以读者为中心，实行开放式服务，藏书尽量接近读者、方便使用。此外设计中还应考虑到今后馆藏多样化、多载体的馆藏体系、服务手段自动化、网络化等要求，从而对图书馆的发展趋向做出一定敏感的回应。

室内庭院：设计中应对此类庭院进行分析，有所突破，对造景材料的识别性、江湾特色、生态文化应予以呼应（图 9-31）。

其他功能空间应根据功能需要做出相应方案设计（图 9-32 至图 9-35）。

对于以上主要空间的功能设计应从新江湾城实际建设需要以及文化中心的功能需求考虑潜伏性设计，以满足不同发展阶段的需要。此外，对文化中心的流线应做出分析，对于主要流线应满足环境优美、路线便捷、保证安全的需要。

图 9-31
内庭院

图 9-32
卫生间

图 9-33
咖啡厅

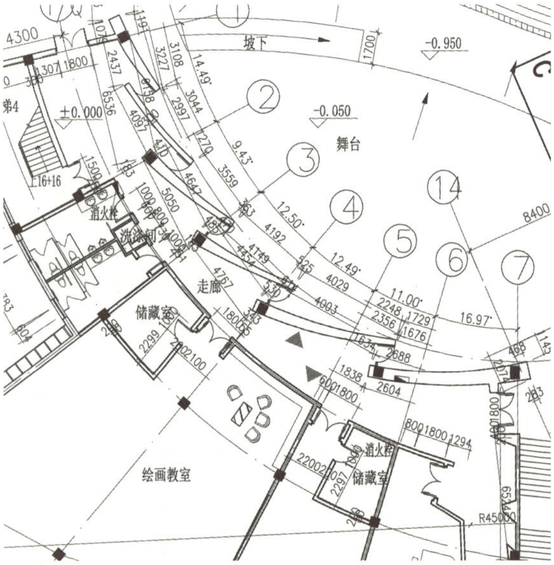

图 9-34
电梯厅平面

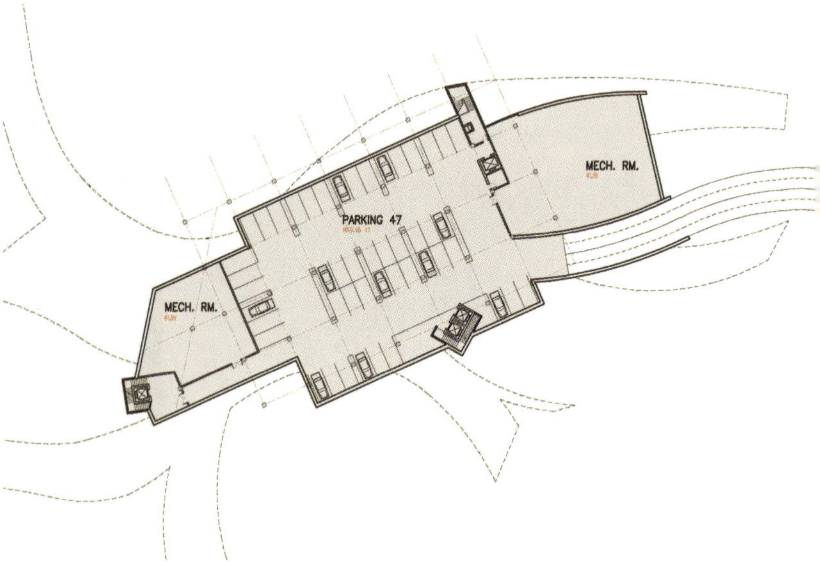

图 9-35
地下停车场平面

9.3.6　施工进度计划（图 9—36）

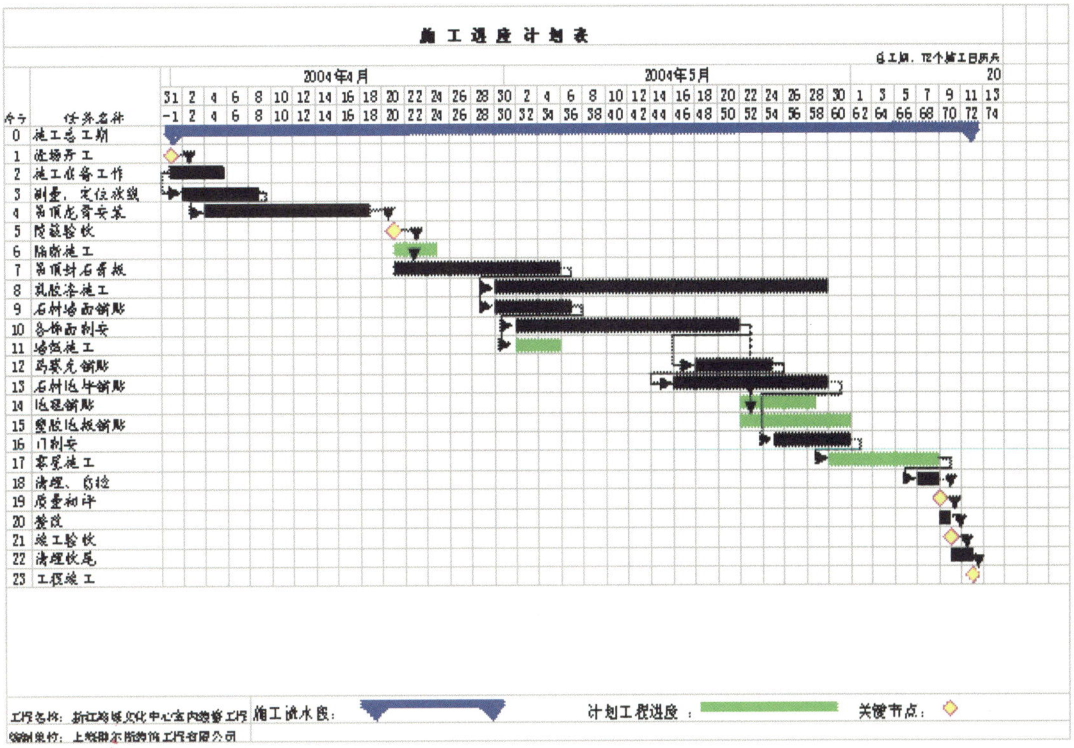

图 9-36
施工进度计划表

9.3.7　综合评价

总体项目从方案征集到最后施工完成，至文化中心投入使用，各方面的评价很多，结果是得到各方面的肯定，认为设计是比较成功的，甚至是超越了预想的结果。作为文化传播的中心，其室内设计符合国际上室内设计的潮流：环境为源、以人为本，科技平台上的艺术创作，更多的对于人性化和文化内涵的探索。具有鲜明的时代特征，体现生态性与知识性的完美结合，使之成为新江湾城标志性设计作品，符合上海建设世界城市的发展要求，精心设计，目标一流，受到越来越多的来自各方的关注。（图 9-37 至图 9-41）

图 9-37
傍晚灯光效果

图 9-38

阳光透过大堂的透明天花进入室内

图 9-39

文化中心夜景照明图

图 9-40

整个展示空间

图 9-41

文化中心夜景照明图

参考文献

成涛．1997．现代室内设计与实务［M］．广州：广东科技出版社．

高祥生，韩巍，过伟敏．2006．室内设计师手册［M］．北京：中国建筑工业出版社．

国家旅游局旅行社饭店管理公司，中国建筑工业出版社．1995．中国一流饭店［M］．北京：中国建筑工业出版社．

侯林．2006．现代室内公共空间设计［M］．北京：中国水利电力出版社．

胡剑虹．2010．室内设计概论［M］．北京：中国林业出版社．

霍维国，霍光．2006．室内设计教程［M］．北京：机械工业出版社．

建筑、园林、城市规划编委会．1988．中国大百科全书——建筑、园林、城市规划［M］．上海：中国大百科全书出版社．

来增祥，陆震伟．1996．室内设计原理［M］．北京：中国建筑工业出版社．

劳动和社会保障部教材办公室，上海市职业培训指导中心．2005．室内装饰设计·中级［M］．北京：中国劳动社会保障出版社．

劳动和社会保障部教材办公室．2006．室内设计［M］．北京：中国劳动社会保障出版社．

卢安·尼森，雷·福克纳，等．2004．美国室内设计通用教材［M］．陈德民，等译．上海：上海人民美术出版社．

吕永中，俞佩晃．2008．室内设计原理与实践［M］．北京：高等教育出版社．

清华大学美术学院环境艺术设计系，艺术设计可持续发展研究课题组．2007．设计艺术的环境生态学［M］．北京：中国建筑工业出版社．

邱晓葵，吕非，崔冬晖．2006．室内项目设计［M］．北京：中国建筑工业出版社．

史春珊．1989．室内设计基础知识［M］．沈阳：辽宁科技出版社．

汤重熹．2008．室内设计［M］．北京：高等教育出版社．

邢瑜，王玉红．2007．宾馆环境设计［M］．安徽：安徽美术出版社．

许亮，董万里．2003．室内环境设计［M］．重庆：重庆大学出版社．

曾坚，蔡良娃．2010．建筑美学［M］．北京：中国建筑工业出版社．

曾坚，丁琦．2003．室内设计新趋势［M］．南京：东南大学出版社．

詹妮·吉布斯．2006．室内设计培训教程［M］．陈德民，等译．上海：上海人民美术出版社．

张青萍．2003．室内环境设计［M］．北京：中国林业出版社．

张正保，张明明．2007．娱乐环境设计［M］．安徽：安徽美术出版社．

郑成标．2005．室内设计师专业实践手册［M］．北京：中国计划出版社．

中国室内装饰协会．2003．全国室内设计师资格考试试卷精选［M］．北京：中国建筑工业出版社．

Mary V Knackstedt．2005．室内设计商业手册［M］．吴棱，曹文，译．北京：机械工业出版社．